普通高等教育"十三五"规划教材
工业设计专业规划教材

产品设计手绘表现与实践应用

朱宏轩　赵　博　著

电子工业出版社
Publishing House of Electronics Industry
北京·BEIJING

内 容 简 介

本书注重基础性、科学性、实践性、适用性，着眼于设计类专业的基础训练，注重手绘基本原理和方法的讲解、手绘基本功和表现技法的训练、形态推演和原型创造方法的掌握、审美能力和创造能力的培养。本书强调手绘训练内容的延续性、阶段性，通过不同章节知识和方法的讲授与课题实践的训练，培养一种严谨而准确的造型表现方法。本书将手绘基本功训练、表现技法和实际案例融合阐述，方便读者系统地了解产品设计手绘的技法特点和实践应用过程，尤其在产品形态推演和原型创造的训练方法方面有一定的创新，同时也借鉴和改进了一些社会手绘培训机构的最新训练方法，以便帮助读者创作出能充分表达设计本质的作品。

本书适合作为高等院校工业设计、产品设计专业学生的教学用书，也可作为其他设计类专业学生、相关专业硕士研究生、专业设计人员和设计爱好者的参考书。

未经许可，不得以任何方式复制或抄袭本书之部分或全部内容。

版权所有，侵权必究。

图书在版编目（CIP）数据

产品设计手绘表现与实践应用 / 朱宏轩，赵博著. —北京：电子工业出版社，2020.7

ISBN 978-7-121-39149-1

Ⅰ. ①产…　Ⅱ. ①朱…　②赵…　Ⅲ. ①产品设计－绘画技法－高等学校－教材　Ⅳ. ①TB472

中国版本图书馆CIP数据核字（2020）第106449号

责任编辑：赵玉山

印　　刷：北京盛通印刷股份有限公司

装　　订：北京盛通印刷股份有限公司

出版发行：电子工业出版社

　　　　　北京市海淀区万寿路173信箱　　邮编：100036

开　　本：787×1092　1/16　印张：9.75　字数：249千字

版　　次：2020年7月第1版

印　　次：2023年2月第4次印刷

定　　价：59.00元

凡所购买电子工业出版社图书有缺损问题，请向购买书店调换。若书店售缺，请与本社发行部联系，联系及邮购电话：（010）88254888，88258888。

质量投诉请发邮件至zlts@phei.com.cn，盗版侵权举报请发邮件至dbqq@phei.com.cn。

本书咨询联系方式：（010）88254556，zhaoys@phei.com.cn。

前　言

　　创新能力和设计构思表达能力是一位优秀设计师应该具备的基本能力。设计手绘表现是表现设计师创意最直接和实用的手段，设计师通过笔尖在画纸上的摩擦流动，把头脑中的创意不断挖掘实现，一步步形成清晰的形态图形。时代的发展日新月异，设计领域的竞争非常激烈，这就要求当今的设计师出好方案、多出方案、快出方案。目前因计算机绘图技术的快速发展，很多设计初学者对设计手绘表现缺乏正确的认识。手绘构思草图作为计算机效果图制作的前期构思表达方式是十分重要的，手绘表现是记录设计思维的最佳手段，是设计师传达创意的设计语言。手绘可以融入一个人的设计情感，而这是其他机器设备无法达到的。设计手绘体现了设计师的基本素质，手绘表现技能的高低无疑也是衡量设计师设计能力的一个重要标准。

　　在学习产品设计手绘表现的过程中，要注意几个原则：第一，采用的表现方法要针对不同的设计内容来进行，表现的方式应该以准确、方便为准则；第二，通过不同表现技法的训练，要不断总结适合自己习惯的表现方式，以能准确清晰地表达设计构思为最高准则；第三，要把表现技法与艺术创作相区别，要重视手绘表现的解释说明作用，要有合理、动人的内容；第四，产品设计手绘表现没有绝对的方法，只是针对基本方法进行的总结和创新，并不总是按固定模式进行的，人们在使用技法时总能产生个性化的独立创作的部分，根据产品不同的造型特点和创意方向要适时调整技法表现方式，也就是要灵活运用技法，做到"心手合一"，这样产品设计手绘表现才能发挥辅助设计构思的积极作用。

　　本书着眼于设计类专业学生手绘表现和形态创造能力的训练，注重手绘基本原理和方法的讲解、手绘基本功和表现技法的训练、形态推演和原型创造方法的掌握、审美能力和创造能力的培养，全书安排了大量的范例图片，方便读者理解和学习。本书通过基本原理和常用表现技法的讲授，结合范例步骤的讲解和课题实践训练，以期培养一种严谨而准确的造型表达能力和表现方法。本书最后一章讲解了产品设计手绘表现在设计中的实践应用，通过大量设计案例，总结了实际设计过程中手绘表现的作用和特点，具有很强的指导性和借鉴性。

本书是作者在多年从事工业设计专业设计表现、产品形态设计、创新设计方法等课程教学经验的基础上，结合设计研究与实践编写而成的，所提出的方法对专业学习和训练具有很强的针对性。在本书的写作过程中，得到了李东、华天睿、艾萍、徐博文、李励、焦雷雷、陈卫祥、王阳、刘文杰、杨焕灿、张项瑜、姜佩余、朱书和等朋友和家人的大力支持及帮助，在此表示衷心的感谢。

由于作者水平有限，如有不当之处请批评指正。

作者

2020 年 3 月

目　录

第5章

产品设计手绘表现技法 ············ 060

第6章

产品设计手绘实践应用 ············ 105

第1章

概述

教学目标

通过理论讲授，让学生了解设计手绘表现的作用及意义，了解手绘表现的最新发展趋势，掌握手绘表现的特点，并能运用正确的学习方法进行手绘训练，为下一步手绘表现技法和形态推演方法的学习打下理论基础。

建议学时

4学时，其中理论讲授3学时，课堂讨论1学时。

工业设计是依据市场需求，通过对市场的分析，对预想的工业产品从形态、色彩、材料、构造等方面进行的综合设计，使产品既具有使用功能以满足人们的物质需求，又具有审美功能以满足人们的精神需要。好的工业设计使产品最终能实现人、产品、环境等各方面的协调。在产品的研发过程中，设计方案需要经过反复推敲和论证，不断进行修改。产品手绘构思图就肩负着这一重任，所以手绘图应该具有能充分体现新产品的设计理念，体现设计者的设计意图，体现沟通交流的功能，并能体现新产品在使用功能上的创新性和在满足精神功能上的审美性。手绘图不只是一种表现手段，手绘能力的训练也不能只停留在单纯的技法研究上。学习手绘的目的是考虑如何体现工业设计的本质，为创意的顺利进行而服务。手绘表现既体现着设计者对产品的感性形象思维，同时也反映着设计者理性的逻辑思维，其承载着产品的审美主体角色，也肩负着形态创造、工程分析乃至市场前景预测的重任。传统的手绘训练只强调了准确的造型能力，甚至还停留在对已有产品的模仿，这显然是不够的。设计手绘训练强调手、脑、眼的相互配合，达到心手合一。产品手绘表现教学通过培养学生运用眼、脑、手的协作与配合，达到对产品形态的直观感受能力、造型分析能力、审美判断能力、准确描绘能力和形态创造推演能力的训练。

1.1 设计手绘表现的意义

　　当前，一些设计工作者对计算机辅助设计表达的认识存在一些误区，过分强调计算机绘图的重要性而忽视了手绘设计表现能力的培养和提高。计算机对设计表现有特殊的作用，但画图的最终目的不在于表现图本身，而是如何更好地体现设计师的设计意图。手绘设计表现是计算机辅助设计表达的基础，是设计师获得设计能力的重要前提，因此手绘图的训练更应受到重视。通过手绘训练可以培养设计师的审美能力、敏捷的思维能力、快速的表达能力、丰富的立体想象力等。如图 1-1 所示为设计师通过手绘草图表达其设计创意。

　　美国建筑大师西萨·佩里曾说过，"建筑往往开始于纸上的一个铅笔记号，这个记号不单是对某个想法的记录，因为从这个时刻开始，它就开始影响建筑形成和构思的进一步发展。一定要学会如何画草图，并善于把握草图发展过程中出现的一些可能触发灵感的线条。接下来，需要体验草图与表现图在整个设计过程中的作用。最后必须掌握一切必要的设计并学会如何察觉出设计草图向我们提供的种种良机。"

图 1-1

如图 1-2、图 1-3 所示，设计手绘的目的在于探讨、研究、分析、把握设计方向及功能设想、造型的寓意表达、色彩的搭配、结构的连接方式、材料的使用等。计算机辅助设计表达则可在此基础上去拓展这些方面的可能性，并协调它们之间的相互关系。根据设计构思草图提供的数据，对设计构思草图不同角度的图形进行立体创作，并通过三维空间运动来观察各个方位、角度，以修正平面中的不足，确立设计与使用功能、结构方式与材料加工、整体与局部细节等，使它们之间的关系处于最佳状态。训练时应充分挖掘手绘图能够快速表达构思这一突出特点。手绘表现是设计师以最快的速度表达设计思维、设计想象、设计理解的最有效的表现手法，是工业设计师必须掌握的一项重要的基本功。在设计作品时，设计人员经常通过草图来进行沟通和推敲方案。

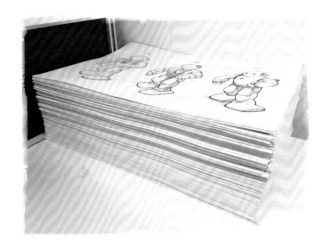

图 1-2

图 1-3

1.2 手绘表现新趋势

1. 手绘训练与形态创新思考的结合

创造力是设计类专业学生应该具备的素质，也是设计教育中很重要的内容，培养学生的创造精神，是当代教育为满足社会需求的一大特点。设计专业的学生走上工作岗位不能只满足于成为一位绘图者，更重要的是要成为一名设计师，这是设计教学的基本目的。应该在手绘课程中将技法训练与形态创新思考结合，让思维自然转化为手绘表现的视觉效果。

图形思维方式是把思维视觉化，用视觉符号作为设计语言。其根本是形象化的思维和分析，设计者把大脑中抽象的思维活动通过图形使之延伸到可视的纸面等媒介上，并逐渐具体化，从而能够通过视觉图形很直观地发现问题和分析问题，进而解决问题。而发现问题和分析问题是创造性思维的根本。手绘草图过程本身就是一种发现行为，草图的快速表现可以记录创意、构思通过草图形成视觉形象，表达思维过程。工业设计师在进行产品创意的时候，可以用草图记录的方法把头脑中一些模糊的、初步的想法延伸出来，进行视觉化表现，开始的时候是一种发散思维的状态，讲究的是思维的广度，并通过直观的图形显现出来。可以把设计过程中随机的、偶发的灵感迅速抓住，然后再加入专业经验知识进行一步步的深入，不断趋近最后的设计方案。设计草图的随意性、自由性、不确定性也很符合设计初级构思阶段设计思维的模糊性和灵活性，在灵感触发的构思阶段不可能像操作计算机一样，保持精确的数据概念，不能够用明确和肯定的点、线、面来表现，必须要熟练掌握手绘表现技法，熟练运用手绘工具，提高速度，要有思维的余地，要有想象的空间，让模糊的概念通过不确定的图形之间产生火花的碰撞，从而捕捉到新的灵感，创造出意想之外的新的概念来。如图 1-4 所示为医用注射器设计草图。

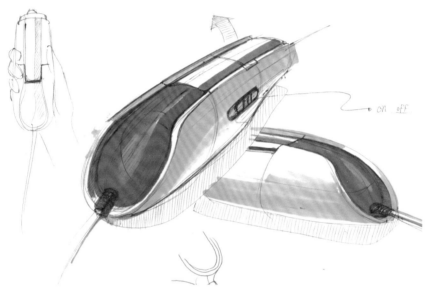

图 1-4

　　手绘训练理论上可以分为两个阶段。第一阶段是培养学生对产品造型的基本表现能力，总结以往所学造型基本知识，应用到具体的产品造型中，这也是图形思维的切入点，用设计角度的图形符号思维代替以往的逻辑思维。把握好产品形态，仔细分析、解剖形态的本质，在此基础上进行创造和再现，训练通过视觉符号来正确反映构思形态，手脑配合形成可视化的视觉语言。通过反复对形象的观察、分析、记忆、加工、描画，训练手脑之间的协调配合能力，达到视觉符号再现的目的。这是手绘构思的基础，是基本的技能，也是设计的基础。针对设计专业来说，如果长期进行大量的对具体对象的描绘复制，势必造成学生对现有造型形式的依赖，对自由创造会有很大的阻碍，会影响学生发展自己的创造力和想象力。第二阶段是培养和训练学生观察对象与表现对象的能力，提高学生分析造型、理解造型、创造造型的能力，是对形态创造这一基本设计理念的导入，为以后的设计实践扫除技能和思维上的障碍。人的思维通过手的自由勾画，显现在纸面上，利用这种视觉符号的表现方式帮助我们发现问题，而所勾画的形象通过眼睛的观察又反馈到大脑中，刺激大脑进一步思考、分析和判断，如此循环往复，最初的设计构思也愈发深入、具体和完善。可见，手绘设计图是一种形象化的思考方式，是通过视觉思维来帮助训练创造能力的。在这个过程中，不应该太在乎画面的效果，而应该注重于观察、发现、思索及综合运用能力，表达出来的图形就是自然的大脑构思的反映。

手绘设计图的训练，无疑是培养学生形象化思维，分析问题和发现问题，以及运用视觉思维开拓创新思维能力的有效途径。

2. 手绘表现与综合审美能力的培养

手绘表现本身就是对美的规律的实际应用形式，手绘图的审美体现在两个方面：一方面是产品造型本身具有的美感，另一方面就是表现图画面本身的构图审美。手绘图的目的在于充分表达预想设计的产品，是设计者向外传递自己设计思想的桥梁。工业设计要求产品既能满足消费者物质功能的需求，又要满足消费者的精神需求，精神需求实际上指的就是产品造型的美感。特别在现代产品设计中，人们对于产品的审美要求越来越高，因此要求产品具有一定的美感。手绘图上反映出的产品的设计美感包括造型美、色彩美和材质美等。手绘图构图的好坏可以直接体现设计师的审美能力，也应该作为设计手绘课程的一项重要内容来训练。

画面的形式美感可以辅助表达设计师的创意，通过画面的用色、整体构思安排、渲染效果来表现设计意图；产品本身的美感通过线条的走势、点线面的衔接形式、质感的表达等来体现。在临摹阶段应该有意识地选择一些形式感好、美感强、有设计意味的作品来练习，用审美的眼光来分析这些好的设计是如何通过点、线、面、形、色、质来表达的。如图1-5所示，构图形式可以全面展示造型效果。

例如可以对临摹对象有步骤地拆分，了解结构与外部造型的关系，从本质上把握外观视觉比例的美感处理方式。还可以多角度地对产品进行临摹，分析组成整体造型的各个视图之

图 1-5

间的关系。要充分感受产品构成的美学特征，感受该产品给使用者带来的视觉感受。

产品形态本身是具有气质的。手绘训练可以提高我们对美的敏锐的感觉能力，自己的作品会不会令自己感动是不应该忽视的，只有感动了自己才可能感动他人，才能起到传达设计意图的目的。

3. 前期手绘概念图与后期计算机绘图技术的结合

计算机绘图技术的发展为手绘草图的深入表现提供了有利的契机，很多设计师在设计构思过程中，针对个别优选方案，采用扫描、计算机 Photoshop 简单渲染的方式进行草图深入刻画，渲染出比较接近实际产品的表面效果，突出主要设计方案，提高草图的识别、沟通能力。

4. 精细手绘效果图的应用逐步减少

由于传统的精细手绘效果图耗时耗力，对工具的要求较高，效果图后期制作逐步转变为使用计算机辅助工业设计软件，一些手绘技法应用也逐步减少，但传统的效果图技法经过提炼和借鉴，可以为现在的快速手绘表现提供帮助。

1.3 产品设计手绘表现的特点

图 1-6

设计手绘表现不是纯绘画艺术，而是在一定的设计思维和方法的指导下，把符合生产加工技术条件和消费者需要的产品进行设计构想，通过技巧加以视觉化的技术表达手段。它具有快速表达构想、推敲方案延伸构想和传达真实效果的功能。设计手绘表现通常分为方案构思草图、精细草图和效果图三种。随着材料和工具的不断进步，表现技法变得越来越丰富，现在普遍使用的技法有马克笔表现、马克笔和色粉结合、马克笔和彩色铅笔结合等。如图 1-6～图 1-8 所示，不同的工具表现会产生不同的画面效果。

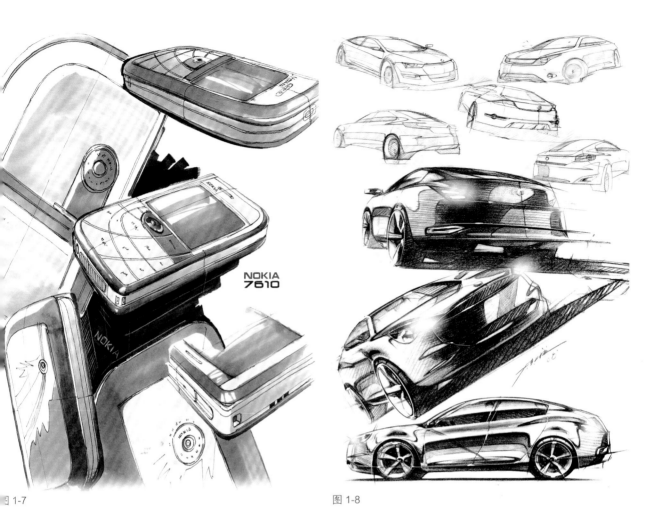

NOKIA
7610

图 1-7　　　　　　　　　　　　　　　　　　　　　图 1-8

1.4　手绘学习的基本方法

　　首先是了解手绘训练的目的及作用，树立正确的学习态度。总结提炼以往学习过的素描、色彩方面的知识，进行手绘基本功的训练。

　　其次是临摹。临摹别人的作品是最直接和有效地学习经验、锻炼观察能力及表现能力的一种方法。临摹对象最好选择有代表性的优秀手绘作品。

　　再次是写生。它是检验个人所学美术知识的基本实践方法，多实践可以为自己的手绘打下坚实的造型基础。选择典型的产品进行写生，注意外观造型和内部结构的关系，多角度表现，提炼固有产品的形态设计特征。

　　最后是形态再创造。平时多画、多练，记住物体的形式特征，并对现有产品进行二次形态

改造，在理解构造的基础上进行形式变化，锻炼灵活运用手绘技法和应用形态变换的能力。如图 1-9～图 1-12 所示为工业设计专业的手绘课堂场景。

图 1-9

图 1-10

图 1-11

图 1-12

1.5 工具与材料

　　手绘表现的方式很多，对手绘工具的灵活应用，能帮助我们达到预期的表现效果。不同的效果要借助不同的工具和材料，这就需要我们了解工具与材料的特性，做到灵活运用。

　　手绘一般采用白色复印纸，铅笔、钢笔、针管笔、彩色铅笔、马克笔等为常用绘图工具，色粉笔、透明水色、水粉、水彩、毛笔、板刷、直尺、蛇尺、云尺、弧形尺、圆形模板、椭圆模板等工具和材料的使用率也较高。

要熟悉这些工具和材料的特点及用法，灵活运用，经过不断尝试，选择适合自己的工具。

前期需要准备的常用工具有签字笔、马克笔、铅笔、色粉和纸张，其他工具在不断的深入学习后，逐步添置。如图1-13～图1-16所示为常用的绘制草图的工具。

图 1-13

1. 铅笔

铅笔（包括彩色铅笔）主要通过线条和由线条交织而成的明暗色调来表现产品形态，方法简单且便于修改。铅笔所表现出的线条具有一定的张力，是产品设计师特别是汽车设计师创作记录形态、进行设计创意构思时最常用的表现方式，多见于创意初期的设计草图。

图 1-14

2. 钢笔

钢笔作为一种传统的设计表现工具之一，很早就被用于建筑设计领域。由于钢笔的笔锋具有方向性，因此不太容易控制，但随着针管笔的出现，在产品设计中配合钢笔淡彩这种表现技法进行草图构思、快速设计或绘制预想的效果图，使钢笔在产品设计表达中占有了一席之地。

图 1-15

3. 水粉、水彩

水粉颜料和水彩颜料都属于湿介质材料。前者具有较强的覆盖力，非常适合反复修改和深入塑造，在表现技法上也具有相对的灵活性和多样性；而后者却因不具备覆盖力而可以进行深入渲染叠加，效果清新自然。总的来说，这两种材料虽然效果不错，但效率较低且过程复杂。

图 1-16

4. 马克笔

马克笔是近年来兴起的一种干介质设计表现工具。它吸收了水彩亮丽、清新的特点，同时具有方便携带、速干、色彩丰富、可反复叠画和可灌注专用墨水反复使用的优点。马克笔的种类和品牌较多，按色料的不同分为油性和水性两种。正是因为马克笔的种种优点，使它在产品概念草图和精细效果图阶段都得以广泛应用。

5. 色粉

色粉是一种棒状粉质的干介质设计表现工具。它非常适于表现曲面的光影变化及饱满的形态，并且也可以任意调和使用，但在细节的绘制与表现上不够理想，而且对比不足，显得平淡，因此必须搭配针管笔、马克笔等其他工具进行表现。

本章小结

本章介绍了产品设计手绘表现的内容，强调手绘表现要手、脑、眼相互配合，通过熟练的技法运用挖掘设计思想；阐述了设计表现的意义和作用，掌握这门技能是一个设计师必须具备的素质；介绍了产品设计手绘表现的特点和最新发展趋势，手绘表现与计算机技术的结合是目前发展的一个方向。在学习手绘的过程中提倡创造性思维与手绘技法的有机结合，且学习手绘要循序渐进。最后列举了常用的手绘工具与材料。

第 2 章

透视与质感表现

教学目标

讲解有关透视的基本原理，结合实例分析如何把握产品设计手绘图的透视和空间。让学生在手绘过程中利用合理的构图，从建立产品形态的角度来体现透视和空间感。介绍不同材质的不同表现方式，体验材料带给产品的品质特征。

建议学时

课堂练习 8 学时，可以安排一些课外时间完成简单产品草图的练习。

在自然界中，造型形态是多种多样的，产品设计对于形态的表现必须遵循科学的透视规律来完成。产品设计手绘表现是借助绘画的造型、色彩与工程技术知识来描绘产品造型的一种手段，要兼顾绘画与工程制图的相关知识，通过设计者对产品材料特点的把握来表现表面质感，并附着在具体的带有透视关系的造型结构上。

2.1 透视原理

以立方体为例，其透视变化规律有以下三种类型。

1. 平行透视

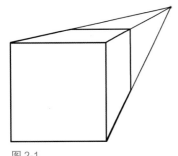
图 2-1

立方体的一个面与画面平行，所产生的透视现象即为平行透视。

平行透视的基本特点是：立方体只有一个消失点，即心点，立方体与画面平行的线没有透视变化，与画面垂直的线都消失于心点。如图 2-1 所示为平行透视示意图。

2. 成角透视

当立方体上下两个体面与地面平行，其他体面与画面成一定角度时，所产生的透视即为成角透视。

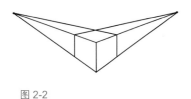
图 2-2

成角透视的基本特点是：立方体的任何一个面都失去原有的正方形特征，产生透视缩形变化，并且立方体不同方向的三组结构线中，与地平面垂直的仍然垂直，与画面呈一定角度的两组线分别向左、右两个方向汇集，消失于两个余点。如图 2-2 所示为成角透视示意图。

3. 倾斜透视

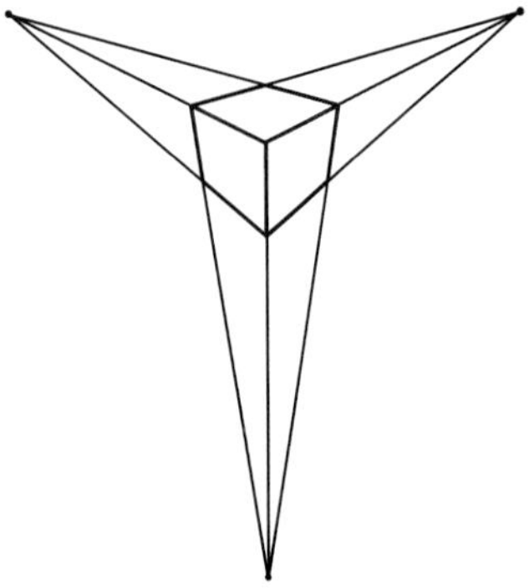

倾斜透视有两种情况，一是物体自身存在倾斜面，如楼梯、房顶、斜坡等，从而产生倾斜透视；二是因视点太高或太低，由于俯视或仰视产生倾斜透视。

图 2-3

倾斜透视的基本特点是：与画面和地平面都成倾斜的面，分别是向上倾斜和向下倾斜。向上的倾斜线向视平线上方汇集，消失于天点；向下的倾斜线向视平线下方汇集，消失于地点。天点和地点均在灭点的垂直线上。如图 2-3 所示为倾 斜透视示意图。

2.2 透视与空间

对于画面透视与空间的有效把握，可以提高设计沟通效率。空间是在二维画纸上表达三维的立体效果，空间的表达对设计手绘表现构思是很重要的。空间表达的方式很多，可以用明暗、浓淡、虚实、色彩冷暖等来区分远近、前后，也可以用来强调主次形态。空间可以提高人的视觉感受，空间感强的画面可以有效感染观看者。如图 2-4 所示为微波炉设计草图，通过几种透视形式，把产品的造型特点很好地进行了展示，运用透视效果表现出了画面的空间感。

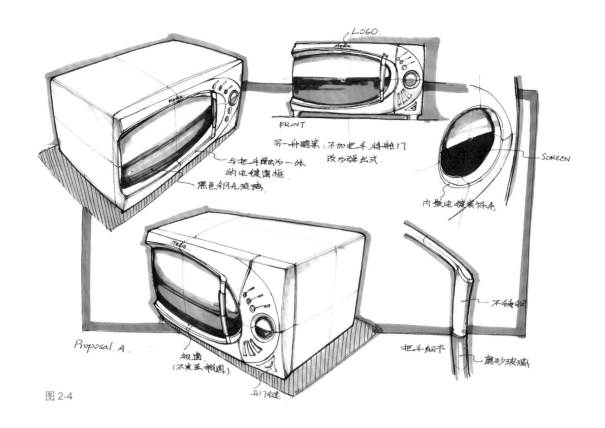

图 2-4

正确的透视角度可以合理表现产品的体量特征，如图 2-5 所示，我们可以任意从不同的高度、不同的角度观察产品，但选择正确角度的目的一方面是为了能够相对完整地表现产品的主要形态信息，另一方面是为了接近使用者观察产品时目光与产品形成的角度。有时候为了达到特殊的宣传目的，也会选择平时所不常见的角度，以便表现产品所蕴涵的特质，如图 2-6 所示，选择仰视的角度表现机箱强大的运行速度和容量。

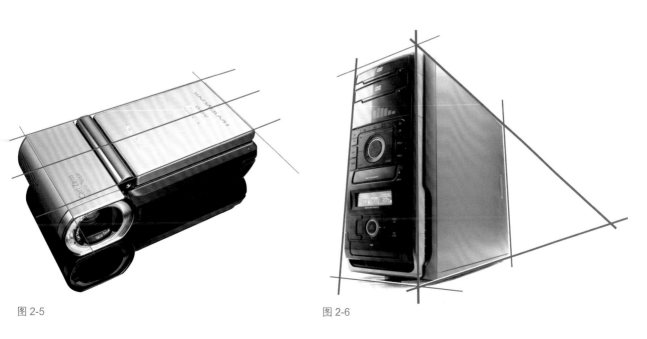

图 2-5

图 2-6

2.3 透视训练方法

　　如图 2-7 所示为一点透视训练方法。需要通过大量的练习才能熟练掌握形态各种角度的转换方法，通过不同角度的一点透视画法的训练可以了解透视变化规律，形成自然流露的习惯性表现。将灭点定于纸面中心位置，地点定于纸面两侧，将立方体以空间形态绘制出来，要定好立方体的长宽高，以便于精准训练，建立透视观念。

图 2-7

　　如图 2-8 所示为两点透视训练方法。可将心点定在纸面中间位置，灭点定于纸面两侧，设定立方体长宽高，将立方体以空间形态绘制出来，在大量的练习过程中逐步提高透视的感受能力。

图 2-8

如图 2-9 所示，在立方体训练的基础上，可以逐步变换形态进行练习，由简入繁逐步增加造型的透视训练难度。

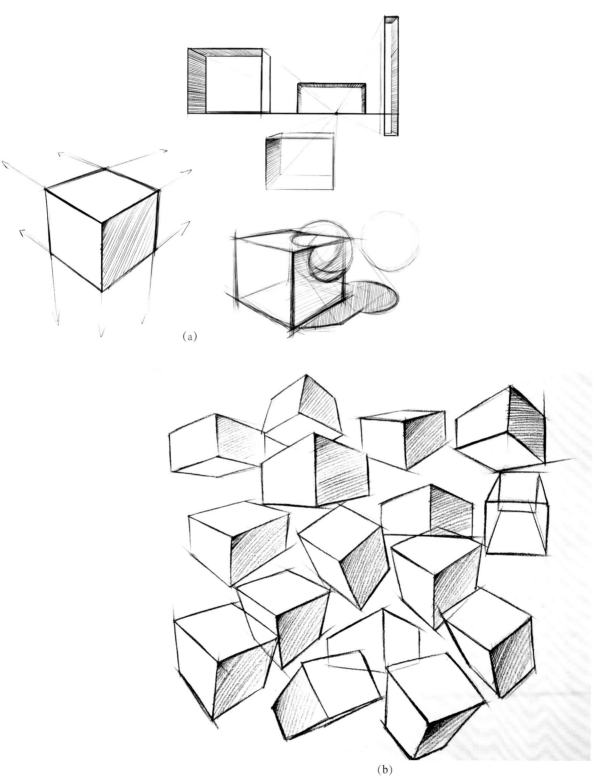

(a)

(b)

图 2-9

2.4 质感的表现

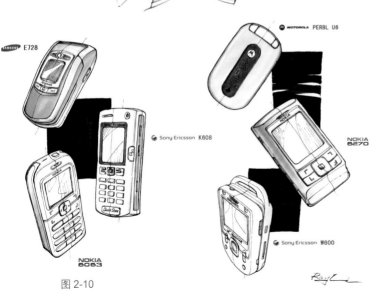

图 2-10

在手绘表现中，产品的表面质感是传达创意的重要途径和手段，它可以帮助设计师表达设计意图。不同的材质具有不同的特点，例如钢给人以坚硬、沉重的感觉；铝可以体现华丽、轻快的特质；铜的体量感强，可表现厚重、高档之感；塑料可表现轻快、饱满之感；木材可表现自然、朴素、真挚之感，如图 2-10 所示。

对质感的把握要靠我们在实际应用中不断总结，认真分析不同材料传达的视觉感受，为塑造优质产品打下基础。

产品材料根据反光程度可分为以下几种。

（1）强反光材质。强反光材质主要有不锈钢、镜面材料、电镀材料等，可以直接反射周围环境的物象、颜色等，勾画时要注意分析环境的特点。画图时要注意明暗过渡应比较强烈，高光处可以留白不画，同时加重暗部处理，笔触应整齐平整，线条有力，必要时可在高光处显现少许彩色，使效果更加生动传神。如图 2-11 所示为金属材质表现图。

（2）亚反光材质。亚反光材质以塑料为主。塑料表面给人的感觉较为温和，明暗反差没有金属那么强烈，手绘表现时应注意它的黑白灰对比较为柔和，反光比金属弱，高光强烈。产品设计中塑料材质的运用非常多,所以对于塑料材质的研究是我们学习质感表现的重要内容。如图2-12所示为塑料材质表现图。

（3）透明材质。透明材质主要有玻璃、透明塑料、有机玻璃等。这类材质的特点是具有反光和折射光,光彩变化丰富,而透光是其主要特点。手绘表现时可直接借助于环境底色,画出产品的形状和厚度,强调物体轮廓与光影的变化,注意处理反光部分。产品的内部结构可以适当表现出来,以显示其透明的特点。如图2-13所示为玻璃材质表现图。

图 2-11

（4）不反光材质。不反光材质又分为软质不反光材质和硬质不反光材质。软质不反光材质主要有织物、海绵、皮革制品等。硬质不反光材质主要有木材、亚光塑料、石材等。它们的共性是吸光均匀、不反光,且表面均有体现材料特点的纹理。在表现软质不反光材质时,着色应均匀、湿润,线条要流畅,明暗对比柔和,避免用坚硬的线条,不能过分强调高光。在表现硬质不反光材质时,描绘应块面分明、结构清晰、线条挺拔明确,如木材可以用枯笔来突出纹理效果。如图2-14所示为木材效果表现图。

图 2-12

在选择质感训练描摹对象的时候,产品的表面质感特征要明确清晰,具有材质代表性,选择的图片要构图合理、光感明确,这样可以提高训练的效率。

图 2-13

清晰地描绘产品的表面材质和光影效果可以使表现图更加真实,光照与投影知识需要通过大量训练进行积累,并且灵活运用在材质的表达中。这样做不是为了达到和照片一样的效果,而是要展示产品基本的特征,推动设计构思的深入。如图2-15、图2-16所示为常见材质的表现效果。金属材质具有类似镜子的反射特性,因此具有这样材质的产品有着强烈的视觉效果,在绘制中常常用黑白两种反差较大的颜色配以少许暖色或者冷色来诠释金属效果。图2-16所示的两张图均采用了黑色和灰色与白色对比,适当加入了淡淡的蓝色来表现产品对天空的反射。

图 2-14

图 2-15

质感的表现范例如图 2-17～图 2-21 所示。

图 2-16

图 2-17

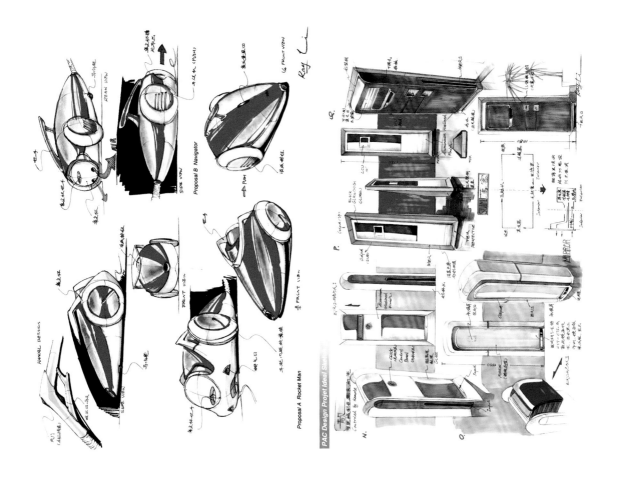

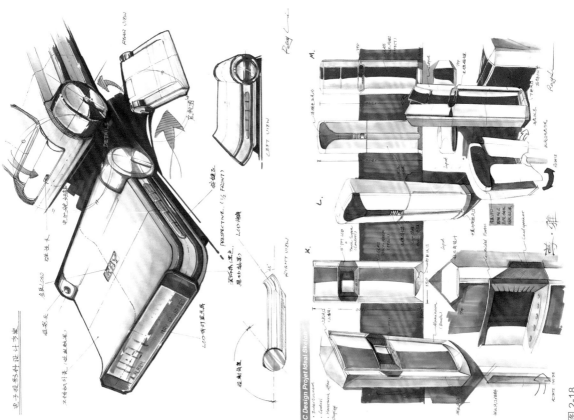

图 2-18

—019—

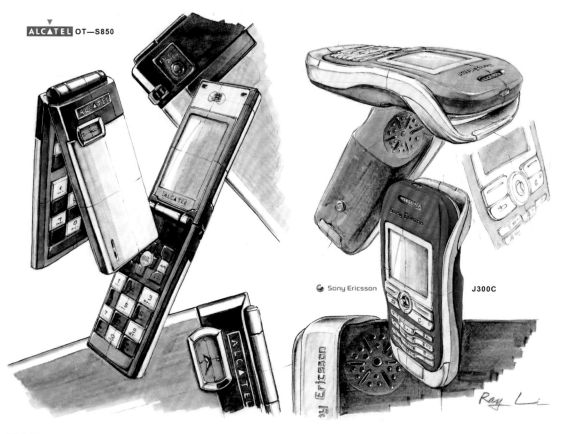

图 2-19

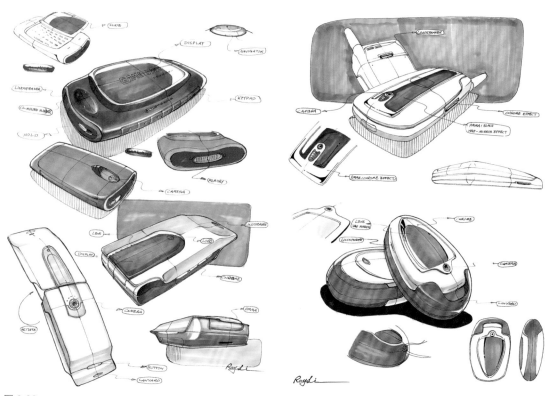

图 2-20

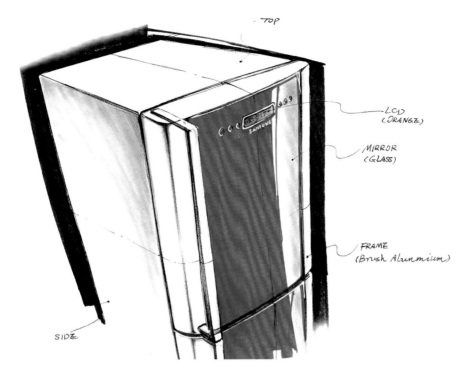

图 2-21

本章小结

　　本章介绍了透视的基本原理和方法，以及如何运用三种不同透视形式来展现产品的个性特征，最后介绍了材料的质感特征和表现方式。

第**3**章
手绘基本功训练

教学目标

学会绘制线条的方法，熟练运用线条展示产品形态特征。正确认识面和体的关系，能透过复杂形态分析出其本质形态特征。通过基本功的训练，协调手与笔之间的关系，学会控制线条和形体的方法。

建议学时

课堂基本功技巧训练8学时。

手绘表现基本功训练主要是为了提高手眼配合的能力，通过大脑控制手指，准确地将意念中的形态绘制出来。这里要求学生必须有一定的素描基础，对物体的透视、比例等有一定的把握。产品手绘学习中，牢固的基础是关键，应及时反馈训练中遇到的问题，以提高学习效率。

3.1 线条训练

（1）直线。直线在手绘过程中应用较多，直线的训练主要分为水平线训练、竖线训练和斜线训练。手绘训练开始阶段要多加练习以控制好直线的力度、长短，为应对枯燥的训练过程，可以自己多设计一些训练方法，提高手绘训练的趣味性。

直线训练方法主要有边线控制和点控制。

① 边线控制：确定边线，然后在此范围内徒手绘制直线。图 3-1 所示为水平线训练方法，图 3-2 所示为斜线训练方法，图 3-3 所示为竖线训练方法。

② 点控制：在纸面上任意取不定数量的点，然后试着用直线连接，尽量使直线的端点与已知点准确对接。线条的长短可通过控制点的位置来实现。如图 3-4 所示为点控制直线训练。

直线的练习要用力均匀、快速、准确。排线时，间隙尽量小而均匀。

（2）曲线。曲线可以用来表现产品的柔和过渡、造型曲面。在现代产品中，造型常采用曲面弧度的形式，从而表现产品人性化的一面。尤其是在汽车设计中曲线应用较多，以表现汽车速度感、流线型的特征。曲线训练分为圆形训练、椭圆训练、抛物线训练和自由曲线训练。

圆形、椭圆的训练方法有定四边，定中心，定切点，定直线、弧线。

① 定四边：先确定正方形的四条边线，

图 3-1

图 3-2

图 3-3

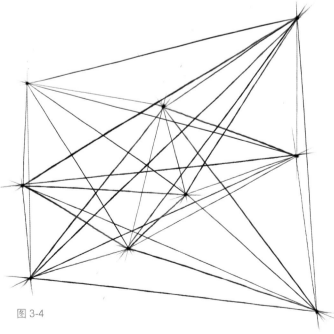

图 3-4

这里可以应用前面的直线训练方法进行绘制，然后在这个确定的正方形里绘制圆形。注意体会绘制过程中的速度和曲度是否有偏差，不断调整姿势和用笔力度，如图 3-5 所示。

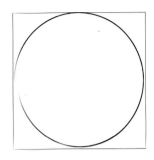

图 3-5

② 定中心：用十字线确定中心，依次均匀地绘制不同大小的圆或椭圆，可以先由小到大绘制，然后再由大到小绘制，如图 3-6 所示。

③ 定切点：先绘制一个大的椭圆，以一点为切点，然后均匀地依次绘制逐渐缩小的椭圆。相反由小椭圆依次渐变到大椭圆也可以，如图 3-7 所示。

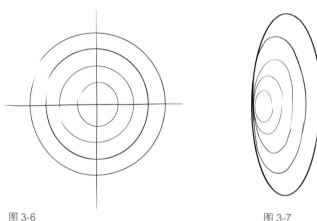

图 3-6　　　　　　　　　　　　　　　　　　图 3-7

④ 定直线、弧线：弧线带有一定的透视性，先画两条弧线，然后以弧线为边线在弧线中间绘制椭圆，使之与弧线相切，注意表达透视关系。同理也可以直线为边线绘制椭圆或圆，如图 3-8、图 3-9 所示。

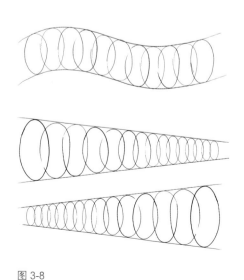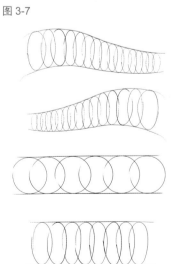

　　　图 3-8　　　　　　　　　　　图 3-9

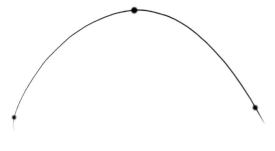

抛物线、自由曲线的训练方法有三点定线、等高叠加、自由画线。

① 三点定线：先任意绘制不在同一直线上的三个点，然后通过这三个点绘制抛物线，如图 3-10 所示。

图 3-10

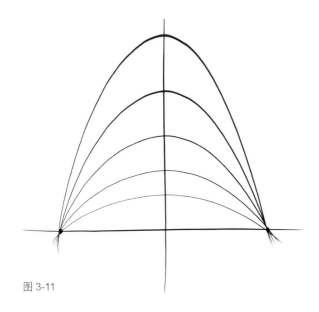

② 等高叠加：先绘制两点，确定这两点的对称中心后，等高绘制抛物线，如图 3-11 所示。

图 3-11

③ 自由画线：使笔尖持续接触纸面，任意画连贯的曲线，锻炼手腕的灵活性，感受笔尖和纸面的摩擦，如图 3-12 所示。

图 3-12

训练方法可以不断创新，也可以变换节奏和形式，目的在于能迅速提高控制线条的能力，掌握线条的特性，如图 3-13 ～图 3-31 所示。

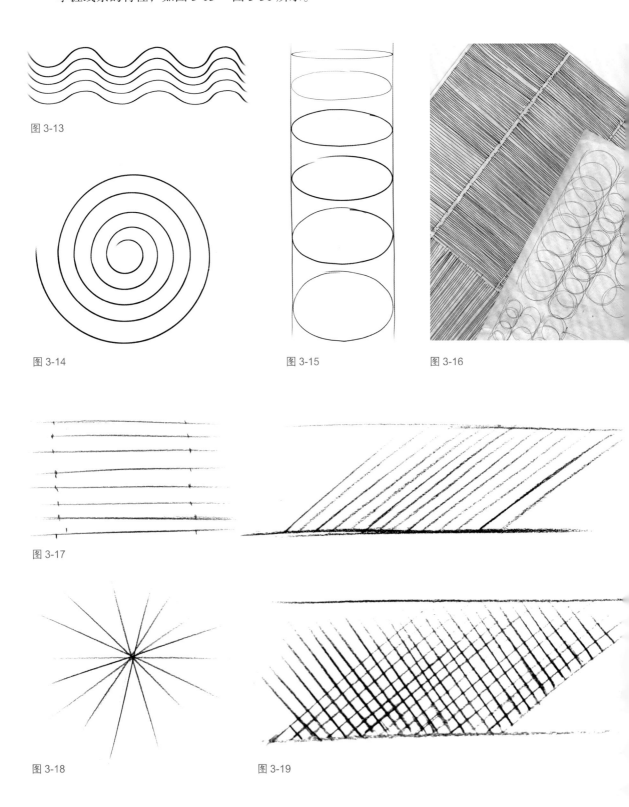

图 3-13

图 3-14

图 3-15

图 3-16

图 3-17

图 3-18

图 3-19

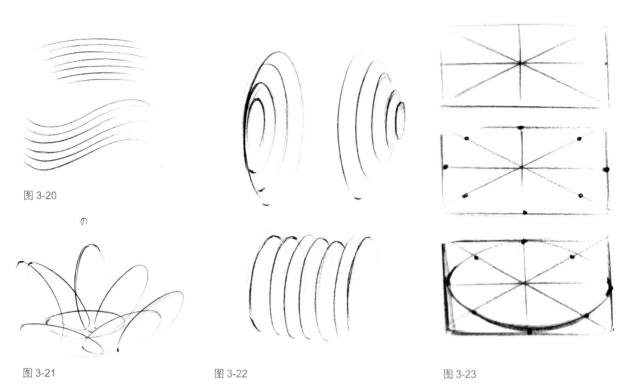

图 3-20

图 3-21

图 3-22

图 3-23

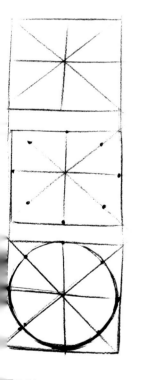

图 3-24

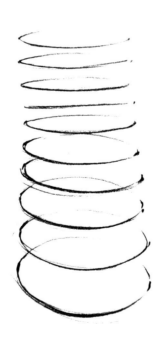

图 3-25

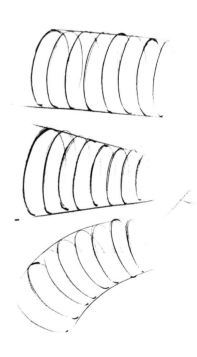

图 3-26

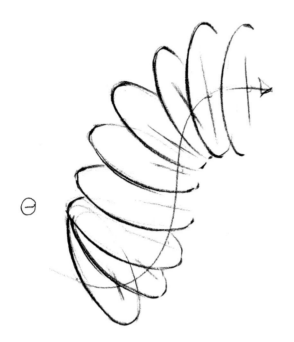

图 3-27

图 3-28

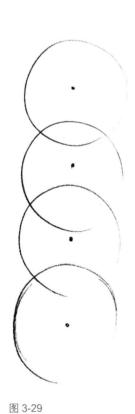

图 3-29

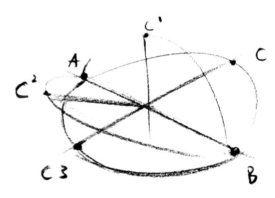

图 3-30

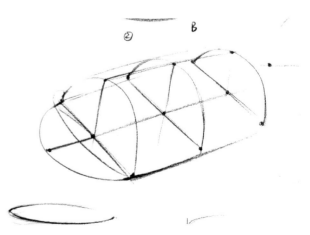

图 3-31

训练指导

（1）要想绘制流畅的线条或者形体，必须要把握适当的运笔速度，如果运笔速度慢，线条就会绵软无力，会产生细细的抖纹，如果运笔速度快，就难以控制行笔的轨迹,会出现很多"小尾巴"，致使画面凌乱。可以尝试使用马克笔进行简单渲染，利用辅助线条找准形态透视关系。

（2）训练过程要注意坐姿端正，桌面要与头部保持合适的距离，视野越大，笔所能控制的范围越大，画出来的形态就整体协调，也比较容易把握透视关系。

（3）勾画线条时应保持手腕相对固定，以手臂为轴，这样可以使线条稳定有力。

3.2 面的训练

曲面可以千变万化，但也有自身的一些规律，曲面大概可以分为拉伸曲面、旋转曲面、扫描曲面和网络曲面。

曲面绘制训练方法：取一张 A4 复印纸，任意卷曲，形成不同曲面，然后以其为参考分别进行绘制。通过动手卷曲纸张，感受曲面的丰富变化。如图 3-32 ～图 3-34 所示为曲面的训练。

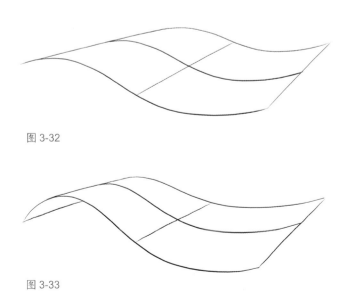

图 3-32

图 3-33

图 3-34

3.3 体的训练

任何复杂的形态都可以分解成简单的基本几何体。复杂形态一般都是在基本几何体上按照造型规律进行变化的，而产品表面的变化也是有一定规律可循的，因此，在进行产品设计时，可以把产品形态进行拆分剖析，把复杂的形态分成若干简单几何形态，研究该产品形态构成各部分要素的组成关系。训练过程中要反复研究现实产品形态与基本几何形态的关系，重在分析提炼形态特征。手绘表现就是要把以上提到的基本要素进行反复应用，要熟练控制线条及由线条组成的形体。

基本几何体包括立方体、球体、椭圆体、锥体、柱体、环体等。实际上对于基本几何体的训练，就是绘制直线、曲线的方法加上透视变化。练习时要注意形体的比例和透视关系。如图3-35、图3-36所示为体的训练方法。

立方体上画椭圆步骤如下：

（1）如图3-37所示，画一个立方体，注意立方体的透视关系和三个面面积之间的分布关系要准确。

（2）如图3-38所示，画出三个面上的椭圆，要注意将椭圆控制在每个有透视变化的方形面内。

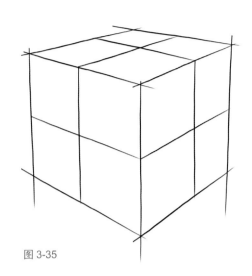

图 3-35

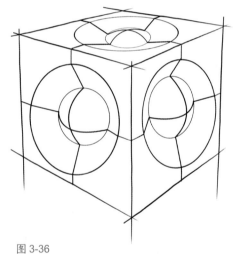

图 3-36

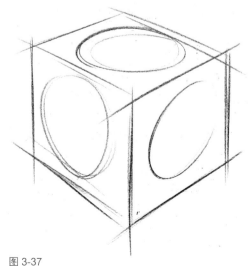

图 3-37

图 3-38

（3）如图 3-39 所示，在椭圆内画小椭圆，注意画的时候一定要有透视变化，要强调形态起伏关系，勾画结构线时一定要轻、淡，不要喧宾夺主，注意透视变化。

（4）如图 3-40 所示，整个绘制程序完成之后，可以适当加些明暗调子，以丰富其表现。调子不宜过多，只要能辅助说明形态关系即可。

图 3-39

图 3-40

在平时的训练中，我们可以结合结构素描分析形态的方法来锻炼造型能力，对一些过于复杂的造型进行简化和概括，总结出简单的几何形体。通过分析简化造型可以帮助我们将复杂的产品转化为容易理解的简单形体。通过对产品分解重构，分析形态各部分之间的连接关系，从而概括出构成形态的最基本要素。如图 3-41 所示为产品实物图，如图 3-42 所示为造型的形态构成分析。分析清楚造型结构关系以后就可以进行结构草图的绘制了，绘图时要注意形态的穿插关系、透视关系、造型元素的比例关系，如图 3-43 所示。

如图 3-44 所示，适当加一些结构透视效果可以帮助理解形态的穿插关系，利用辅助线对造型进行分割，可以明确产品的功能分区。

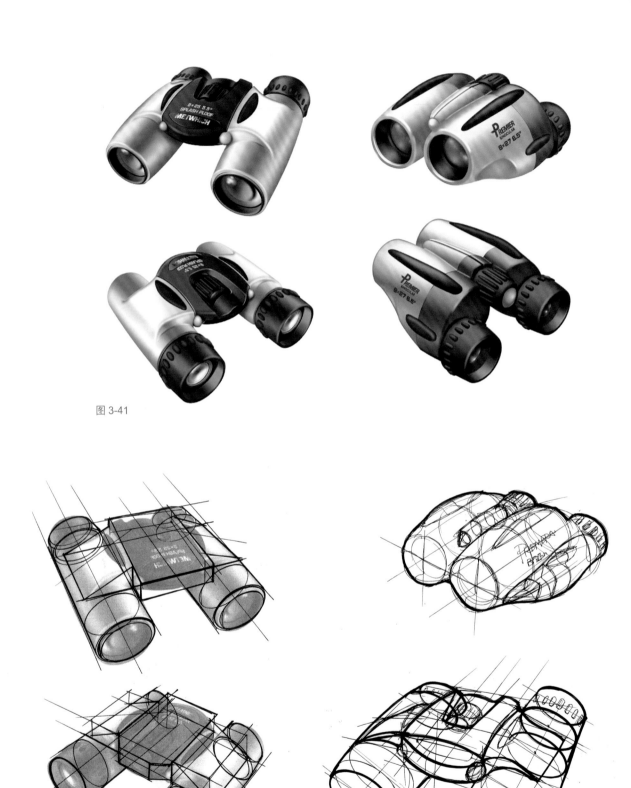

图 3-41

图 3-42

图 3-43

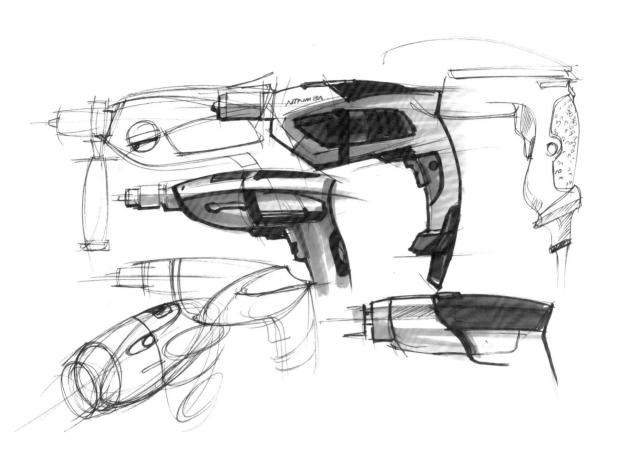

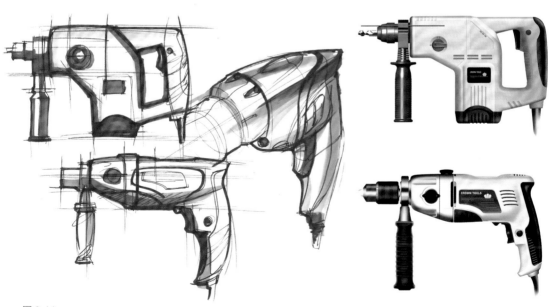

图 3-44

3.4 多角度变换训练

　　熟练掌握立方体各个角度的透视关系后，可以逐步增加形态的复杂度，进行多角度变换训练，对产品进行多视角表现，如图 3-45 ～图 3-48 所示。

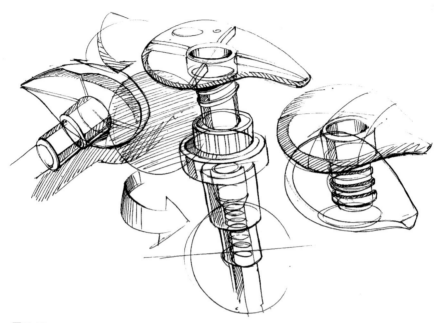

图 3-45

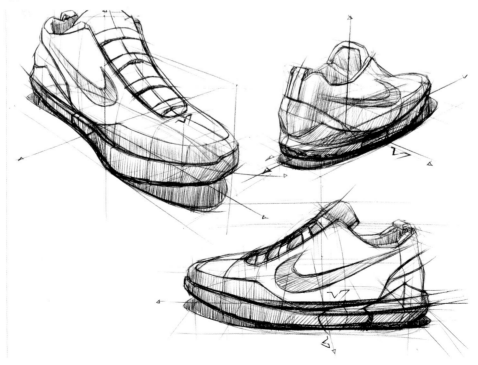

图 3-46

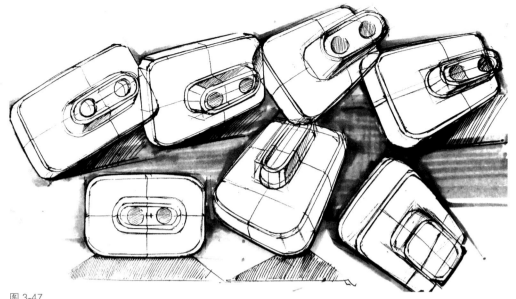

图 3-47

图 3-48

本章小结

　　本章总结了手绘基本功的一些训练方法，目的是让学生能迅速掌握手绘设计的表现特点和技巧，即快速、准确地绘制形态，要能熟练绘制直线、曲线、正圆、椭圆、曲面和几何形体。

第 4 章

产品形态推演与原型创造训练方法

教学目标

通过训练让学生熟练掌握产品形态推演和造型推敲创造的方法，在产品的造型及功能上拓展出更多的可能性。

建议学时

课堂形态推演方法训练 8 学时，课外每天至少练习 2 张 A3 幅面形态推演与原型创造过程草图。

客观世界的形态是变化多样的，而想象的空间也是广阔无限的，人们对形态的认识是有差异的，从而导致形态想象的多变性与复杂性。作为一名设计师，要从形态的复杂性中寻求一种可控制的形态规律和方法来指导我们的设计实践。然而如何理解形态、如何从复杂的形态中找到适合自己需要的造型形式呢？下面介绍几种形态构思的训练方法，通过训练，可以提高我们阅读造型内涵的能力，从而在我们的头脑中积累形态素材，并在设计实践中能灵活运用这些素材进行再创造。在以往的课堂训练中临摹较多，自主创造形态的草图较少，本章重点讨论形态推演与原型创造的训练方法。

4.1　加法与减法

　　所谓加法与减法，是指在形态创造中可以灵活运用几何形体的变形、组合、切削、穿孔、累加等形式。在最初的训练中可以集中一段时间进行立方体的变形组合，如图4-1和图4-2所示，重点把握立方体透视的准确性，这样可以让后续的产品造型表达更准确。

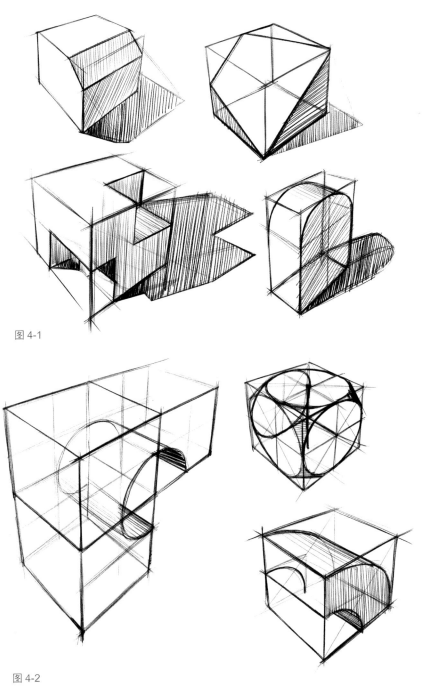

图 4-1

图 4-2

4.2　添加倒角

　　添加倒角主要包括圆角和斜角这两种类型，如图 4-3 所示。圆角几乎存在于所有产品中，这些圆角为产品形态增加了美感和使用的舒适度。斜角可以使产品形态边缘棱角分明，轮廓清晰，增加产品的硬朗感和立体感。

图 4-3

4.3　切割与拼接

　　对基础形态进行合理的切割和拼接，如图 4-4 所示。在了解形态结构的基础上，对几何形态或者产品形态进行合理切割、拼接和穿插练习，从而创造出新的形态。

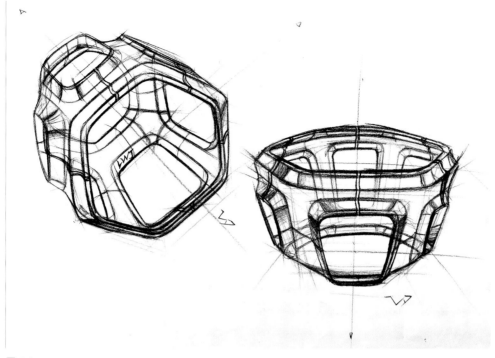

图 4-4

4.4 抽象形态

　　对抽象形态拆分、重组和提炼。自然界丰富的抽象形态为设计创意提供了无尽的资源，从中提取造型进行手绘转化是训练的主要目的，如图 4-5 和图 4-6 所示。在此基础上，还要进一步训练抽象形态的转折、镂空、翻转、交叉衔接等，绘制过程也是形态思考的过程，这一过程可以锻炼立体想象和空间定位能力，如图 4-7 和图 4-8 所示。

图 4-5

图 4-6

图 4-7

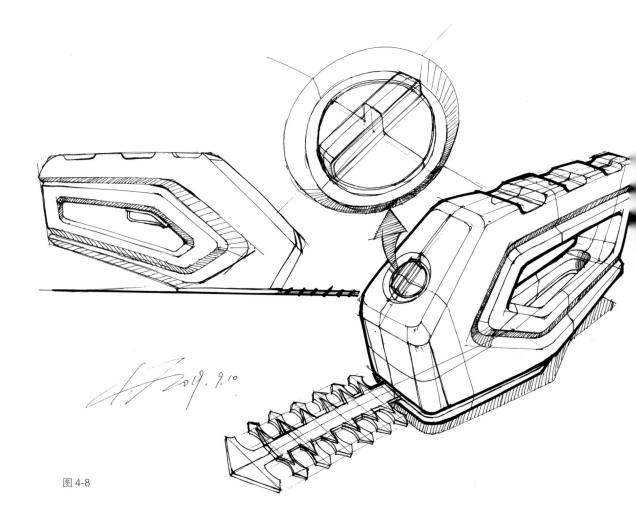

图 4-8

4.5 结构分析

　　最典型的结构分析方法是产品爆炸图的绘制，绘制过程就是拆分产品、分析构造的过程，了解结构构造的同时，也能积累产品形态的创造经验。用单线绘制产品爆炸图是常见的表现形式，爆炸图主要用来表现内部零件与外壳之间的结构关系，可以作为结构设计和工程设计的参考，用来探讨装配时可能遇到的问题。同时爆炸图也是分析产品形态关系的重要依据，在充分了解产品的基础上展开设计构思或者后期展示方案，为进一步运用计算机绘制三维效果图打下基础，如图 4-9 ～图 4-14 所示。

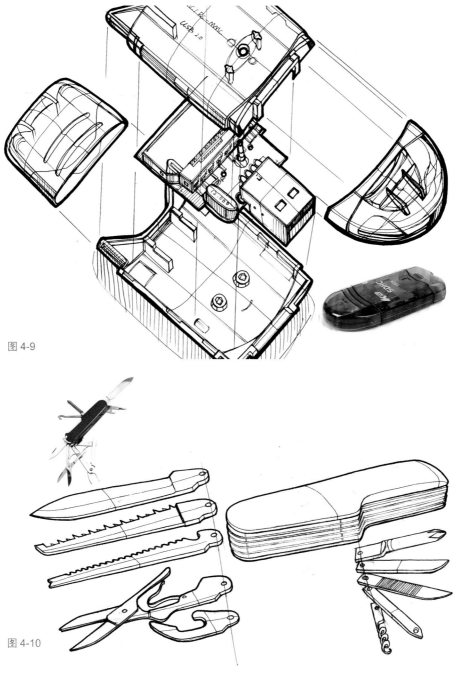

图 4-9

图 4-10

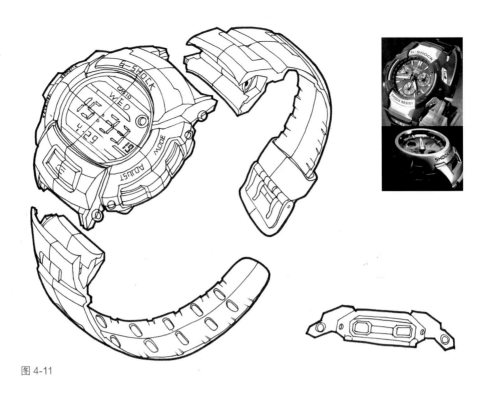

图 4-11

4.6 仿生借鉴

　　多数产品是人们想象或从自然界提炼出来的，其形态大多带有人们的主观因素，而仿生写生，必须对植物和动物进行观察和提炼加工，为设计活动提供造型语言素材。植物和动物世界为我们提供了丰富多彩的形体、结构、动势、色彩质感与肌理，激励设计师去观察、探索和表现，这种训练更有利于直觉和个性的表现，把手绘训练提高到一个更高的层次，是产品设计人情味表现、宜人性设计的基础，如图 4-15 和图 4-16 所示。

　　仔细观察动植物的形态，便可领会到其结构间富有节奏的动势，将其记录下来，分析构成整体的细节造型元素特征，归纳以后展开联想，与我们常见的产品相结合，把抽象出来的形态进行实体应用，结合产品的功能进行勾画，此时不用过多考虑产品的使用特性，重点应放在形态的连贯与比例的和谐上。如图 4-17 所示为海洋生物与游艇的造型联想，如图 4-18 所示为章鱼与摄像头形态的联想。结构仿生也是重要的仿生借鉴手段，如图 4-19 所示为汽车仿生造型设计构思图。

　　提取与简化生物形态的主要结构特征是非常重要的一个步骤，这一步骤的成败直接关系到仿生手绘形态的准确性和有效性，并影响蕴含在产品形态中设计理念的有效传达。而这一步也可提高手绘者造型归纳落实的能力。经过选择—分析—抽象简化这个步骤，锻炼了手绘者手脑合一的落实能力，有助于锻炼手绘者的创意造型表达能力。手绘时要善于抓住仿生对象的局部或整体的生长态势，将生物形态进行夸张延伸，进而转化到产品形态的表达上，从而带给人们灵活生动、回归自然的视觉体验。

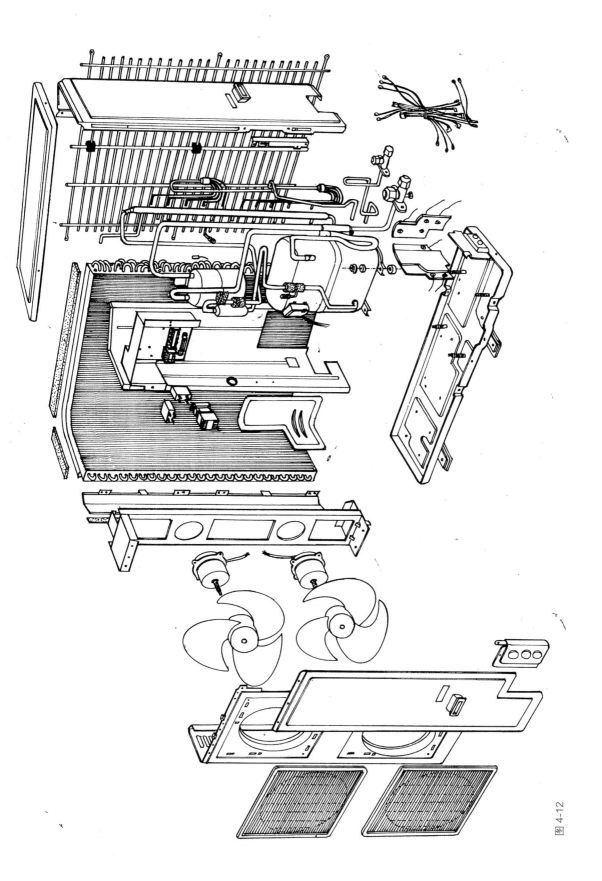

图 4-12

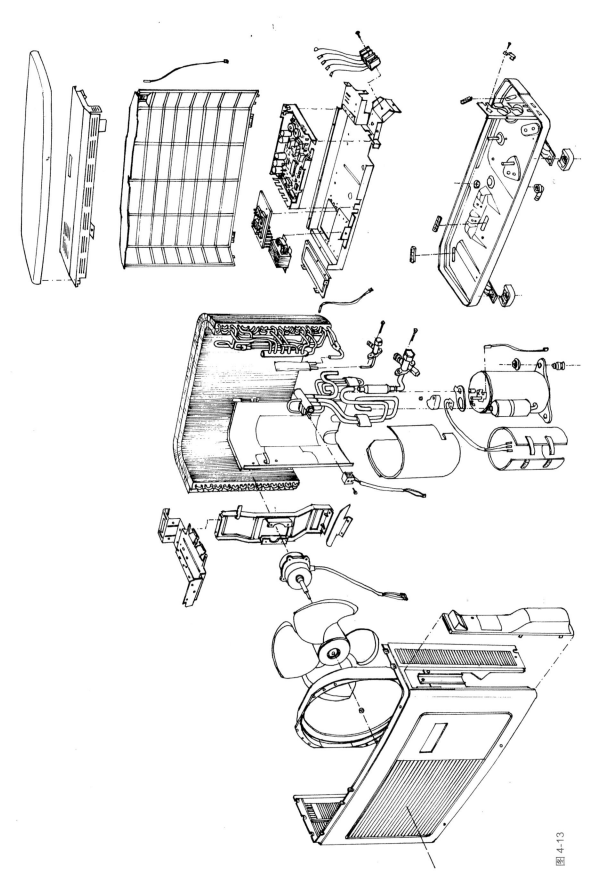

图 4-13

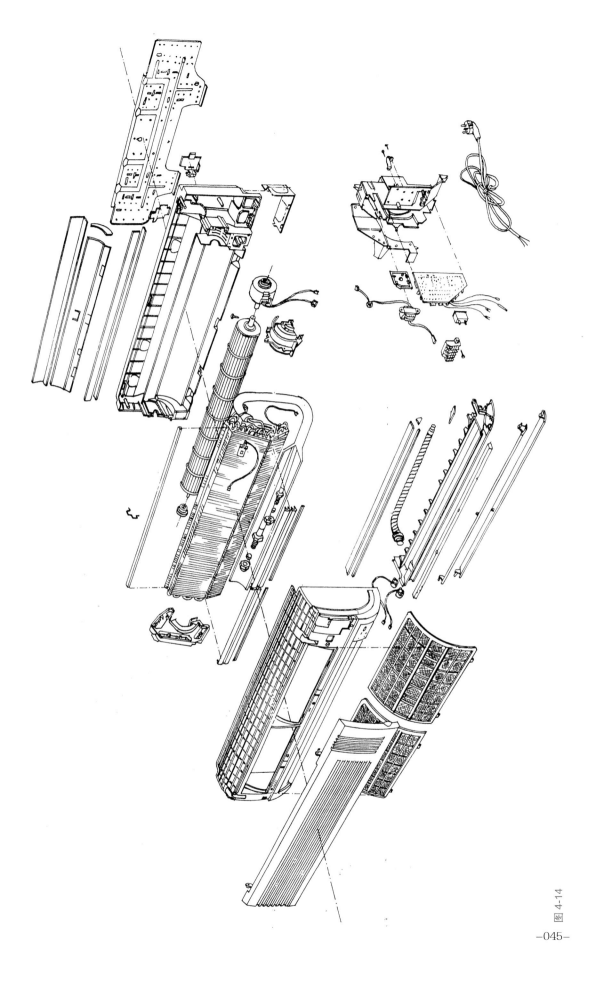

图 4-14

−045−

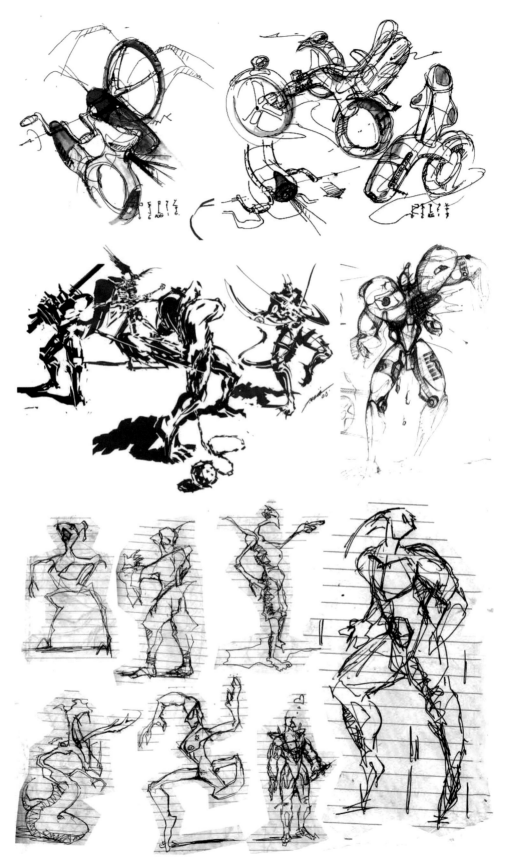

图 4-15

图 4-16

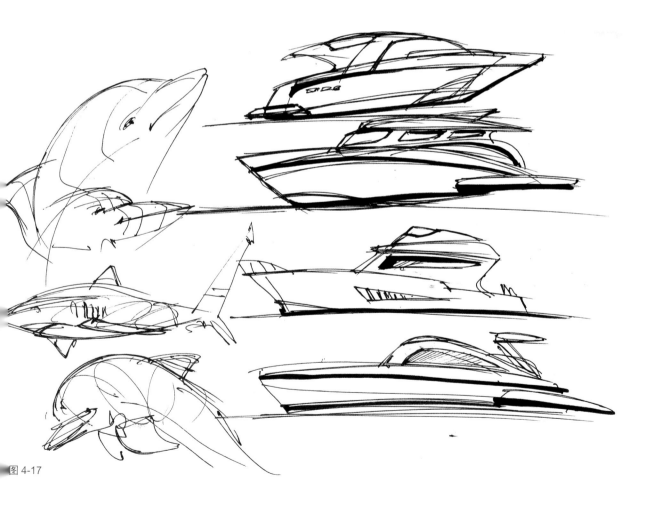

图 4-17

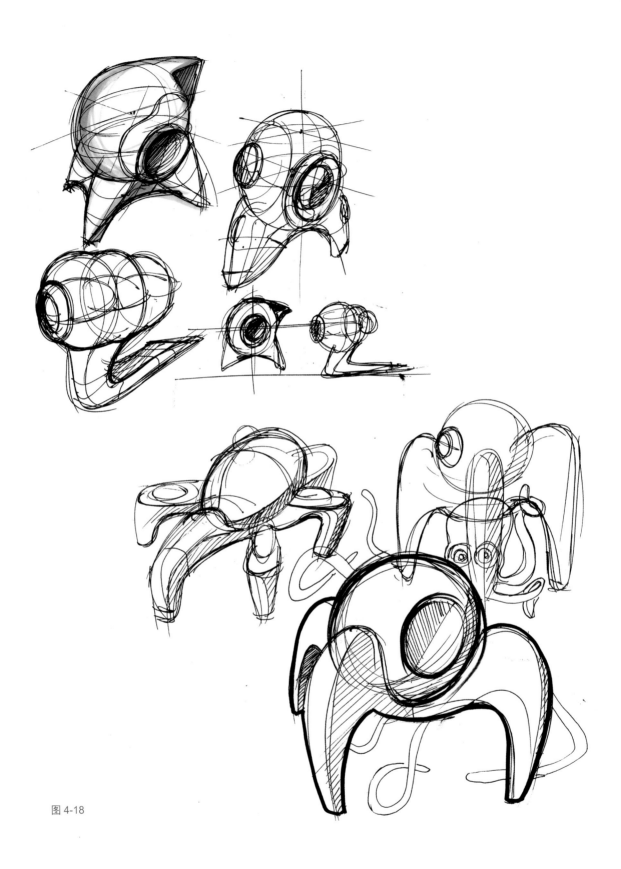

图 4-18

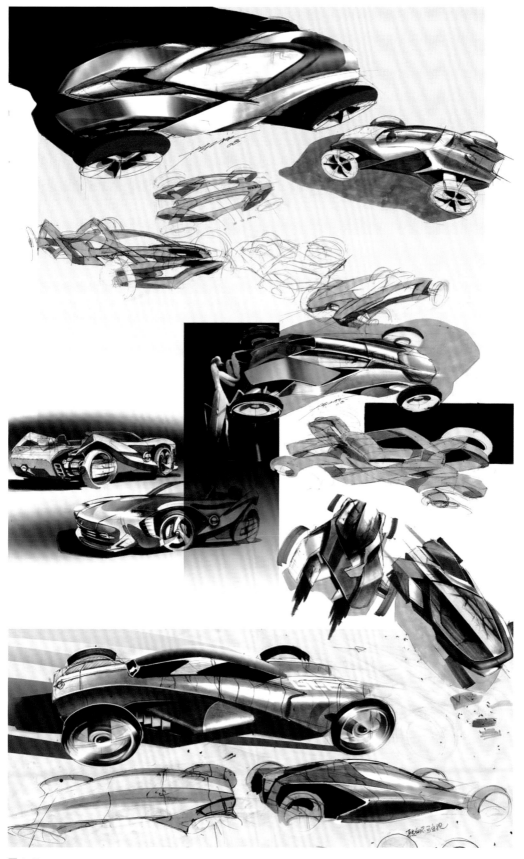

图 4-19

4.7 重构

选择生活中已有的产品、图片或者实物，尽量选择那些形态相对复杂、形态构成比较成熟的产品。如图 4-20 所示，选择一款吸尘器，定好角度，对其进行写生，不必太注重细节，针对形体大的结构关系进行描绘，注意形态之间的穿插关系、线条的走势及构成产品的基本功能分区。在绘制的过程中不断分析其形态特点，归纳并抽象其形态构成的元素。然后将整体形象分解为个体造型。分析的过程其实就是积累形态素材的过程，可以把平时不注意的造型特点归纳总结，转变成自己的造型语言库。最后把掌握的造型元素尽量应用到想象的产品形象中，可以选择不同类别的产品，也可以选择同类产品，如图 4-21 和图 4-22 所示为吸尘器的造型发散构思。

图 4-20

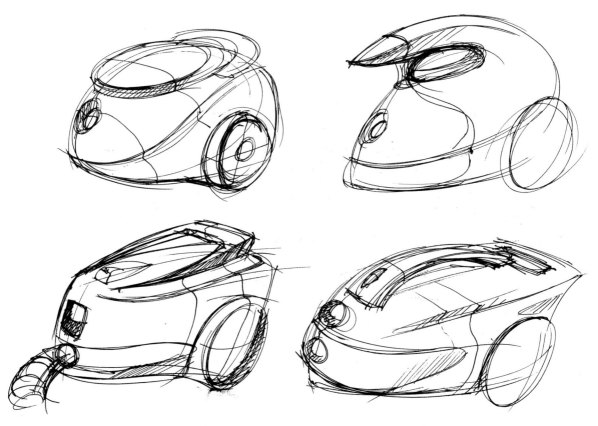

图 4-21

图 4-22

4.8 建模启示

　　《借笔建模——寻找产品设计手绘的截拳道》一书以计算机辅助三维设计软件的建模与渲
染思路为参照，将产品设计手绘的基础知识进行了科学而系统的整合，对训练立体造型思维
能力帮助很大。受其启发，在用布尔运算、拉伸、放样、嵌面等建模方法帮助理解产品造型
的同时，可运用拆模分析的方法对照练习手绘，尤其要重视对模型参考线和控制点的分析理解，
这将有助于学习者建立形体构造观念并掌握曲面起伏变化的规律。产品设计手绘课程最好能
和计算机辅助设计，尤其是 Rhino 建模训练课程同时开课，互为呼应，能极大地促进学生手绘
能力及计算机建模能力的提高，如图 4-23 ～图 4-25 所示。

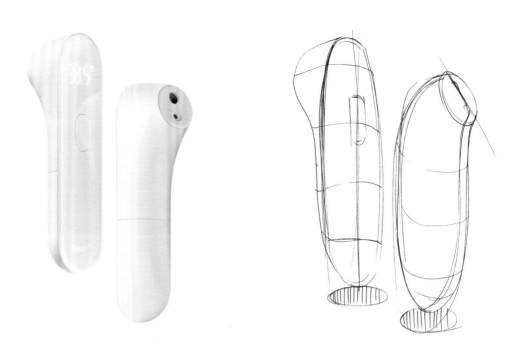

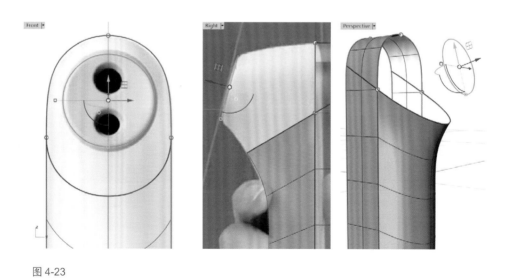

图 4-23

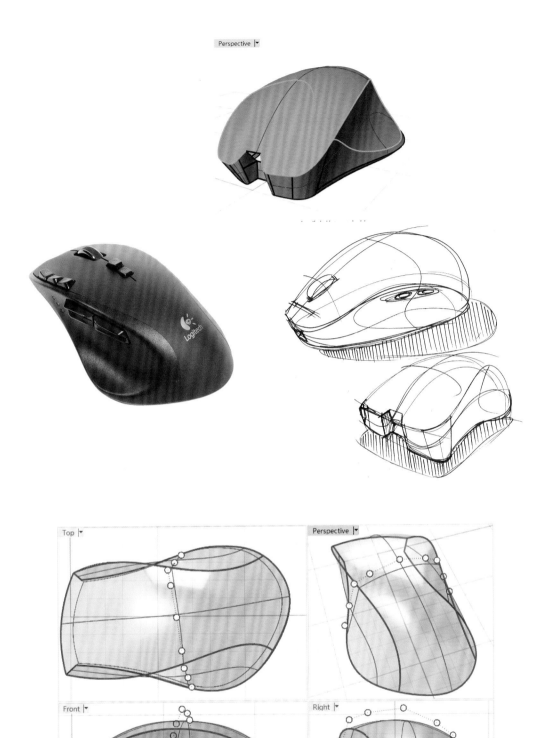

图 4-24

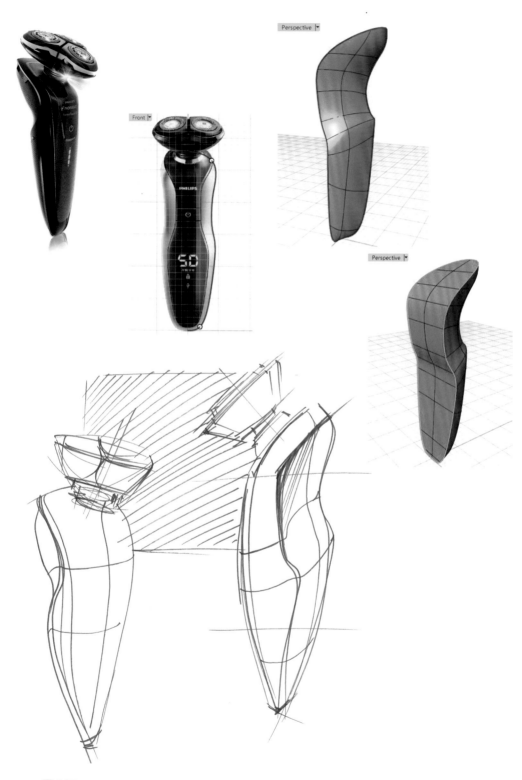

图 4-25

如图 4-26 ～图 4-29 所示是关于拖鞋机的设计构思草图，都是对简单几何形态的归纳，经过反复组合分析，形成最后的方案。如图 4-26 所示，对简单立方体进行造型规划，构成了产品造型的基本形体关系。如图 4-27 所示，结合产品的功能进行细节造型的分解，在简单图形的基础上进行解构、重组。如图 4-28 所示，对造型进行仿生设计，整体为椭圆形，然后通过细节配合整体造型，对形体展开切割、叠加等形式变化。图 4-29 所示为方案的最终效果和使用分析图。

Sketch 1

图 4-26

Sketch 2

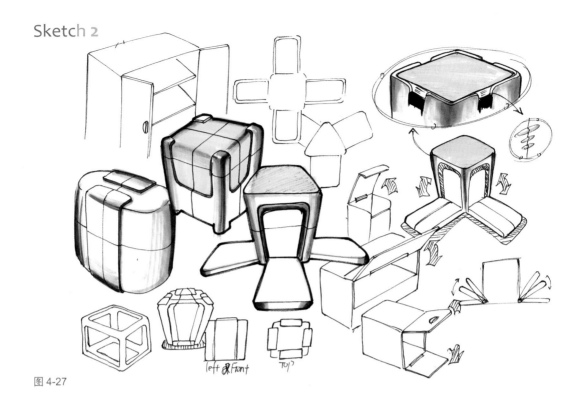

图 4-27

Sketch 3

图 4-28

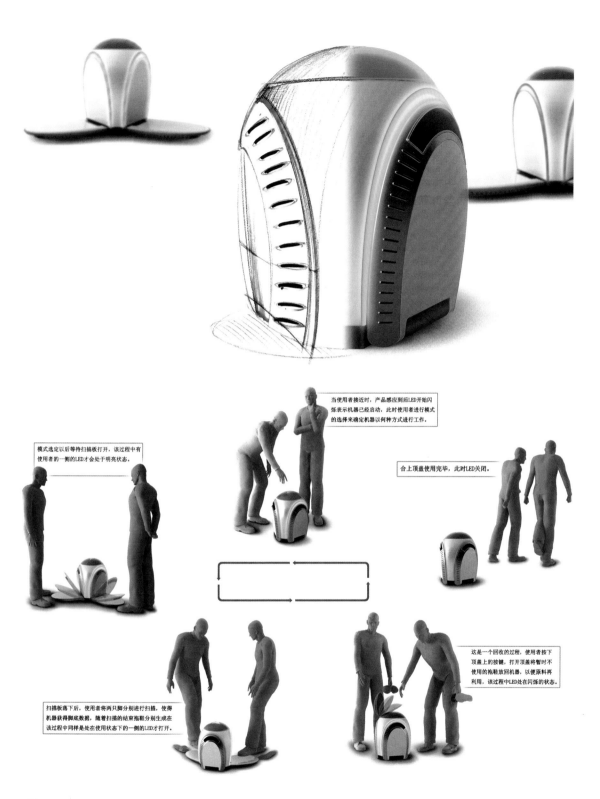

当使用者接近时，产品感应到后LED开始闪烁表示机器已经启动，此时使用者进行模式的选择来确定机器以何种方式进行工作。

模式选定以后等待扫描板打开，该过程中有使用者的一侧的LED才会处于明亮状态。

合上顶盖使用完毕，此时LED关闭。

扫描板落下后，使用者将两只脚分别进行扫描，使得机器获得脚底数据，随着扫描的结束拖鞋分别生成在该过程中同样是处在使用状态下的一侧的LED才打开。

这是一个回收的过程，使用者按下顶盖上的按键，打开顶盖将暂时不使用的拖鞋放回机器，以便原料再利用，该过程中LED处在闪烁的状态。

图 4-29

如图 4-30～图 4-33 所示为形态训练范例。

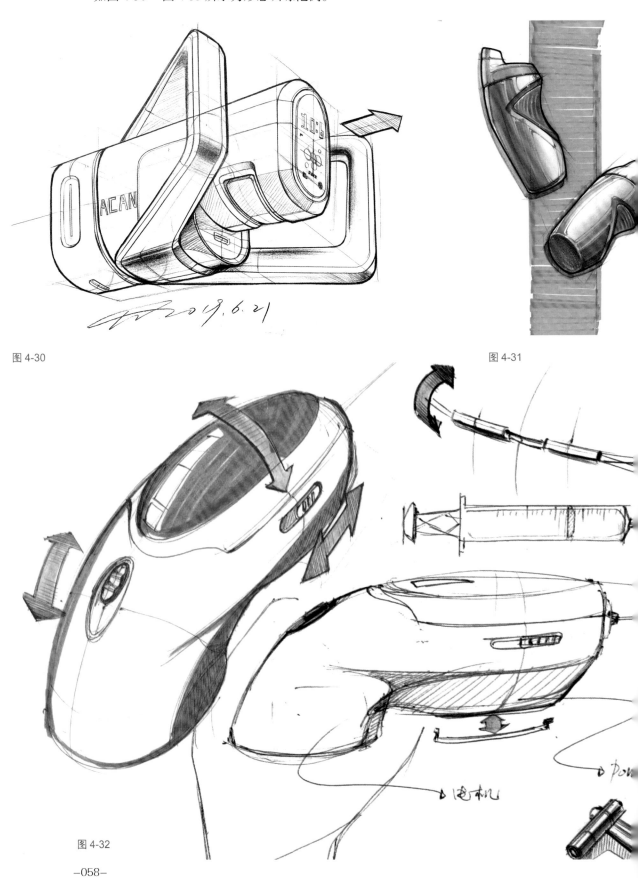

图 4-30

图 4-31

图 4-32

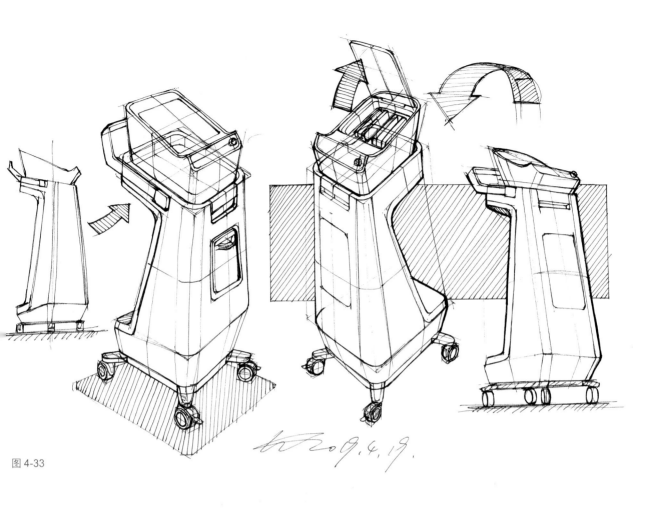

图 4-33

本章小结

　　本章总结了八种形态推演与原型创造的训练方法，但这些方法也只是对现有训练手段的总结和归纳，不能涵盖所有有效的训练方法，练习过程中可以思考并提炼更加高效的方法，举一反三，最终达到形态构思与创造的目的。

第 **5** 章

产品设计手绘表现技法

教学目标

本章介绍了产品设计手绘表现的常用技法，通过步骤分解图示范，让学生参考绘制过程进行练习，了解和掌握各表现技法的形式特点，了解工具的特性和用法，最终能熟练运用这些技法来自由表达创意构思。

建议学时

课堂训练 16 学时，课外每天至少练习 2 张 A3 幅面产品设计表现图。

产品设计表现图是设计表现中最能深入、真实地表现设计方案的表现形式，一般以透视画法为基础，通过具体的表现技法和手段进行表现，效果图的绘制是设计师必备的专业素质之一。

5.1 分类

产品设计表现图主要分为设计草图、手绘效果图、计算机绘制效果图、数字草绘四大类。

1. 设计草图

用速写钢笔、签字笔或马克笔等绘图工具，灵活、快速、流畅地表现出脑海中的每一个方案，其中大的形态特征及轮廓可以用彩色铅笔、马克笔等辅助工具描绘阴影及表面色彩。设计草图主要有线描草图、素描草图和淡彩草图等几种。

2. 手绘效果图（精细手绘图）

在对设计草图大量筛选、淘汰的基础上，最终确定最佳方案。将该方案进一步完善，并对基本定型的方案通过较正式的效果图方式表现出来。常见的产品设计手绘效果图有钢笔淡彩画法、水粉（水彩）底色画法、马克笔色粉画法、高光画法及色纸画法等。

3. 计算机绘制效果图

正式效果图完全可以通过计算机来绘制。Rhino、3ds Max 等软件不仅能够立体地表现出方案的形态、轮廓，还可以随心所欲地表达出产品的色彩、质感、材料特点并对光源进行处理，甚至可以进行动画编辑、演示操作状态和使用环境。

4. 数字草绘

数字草绘相对于以往的草绘方式而言，显得更加灵活和便捷。以数位板（手绘板、数位屏）作为输入媒介，真实地模拟马克笔、彩铅、针管笔等设计工具物理特性的同时，还引入了"图层"这一重要概念，并且能够根据施加压力的不同，表现出丰富的笔触变化。数字草绘既可以进行快速方案构思，也可以进行深入细致的刻画，建议读者掌握一定的数字草绘技术，用以绘制出更加出色的设计方案。

数字草绘的最大特点是完全以数字手段将纸上作业的传统过程转移到计算机屏幕上来，通过模拟各种传统绘画工具的特性和图层的叠加达到表现目的，在过程和效果上更加自由、出色，但前提是必须配备专门的数字输入设备，如数位板等。常用的数字草绘软件有 Alias SketchBook Pro、Corel Painter 和 Photoshop（PS）等。

5.2 线条表现

线条表现是手绘最基本的组成部分，也是产品设计手绘表现最直接、最方便的表现形式。随身携带一支笔就可以解决很多问题，可以体现设计师的设计素质，线条本身具有很强的表现力。初学者最容易犯的毛病是线条运用不够果断，画面线条较乱，比较琐碎，以致影响了对设计构思的把握。这需要经过长时间反复的练习，这个过程是没有捷径可走的，一定要勤学苦练。

如图 5-1 所示，流畅的线条勾画出形态的圆润效果，造型的重点转折处通过加强用笔力度进行强调，适当配合暗部排线，渲染出基本的形态感觉。

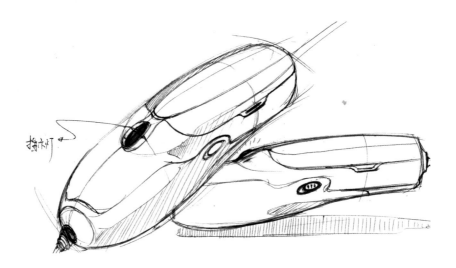

图 5-1

学习设计是一个不断积累各种信息的过程，草图能起到记录形态的作用，可以在训练中加强描摹产品形态的练习，通过大量的临摹，掌握用严谨的线条表现产品造型的能力。绘制的过程其实就是对形态记忆的过程，会在我们的大脑中存储大量的造型信息，为以后的设计实践打下基础。如图 5-2 所示，手绘过程能够不断强化对物体立体造型的感受。绘图时线条要严谨，形态刻画要到位，要认真分析细节与整体的穿插关系。

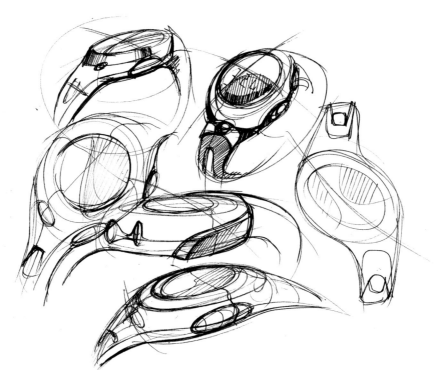

图 5-2

如图 5-3 所示的汽车单线表现范例使用蓝色彩铅绘制，并安排了少量明暗调子以表现形态的立体感和光感。如图 5-4 ～图 5-6 所示为线条表现草图案例示范。

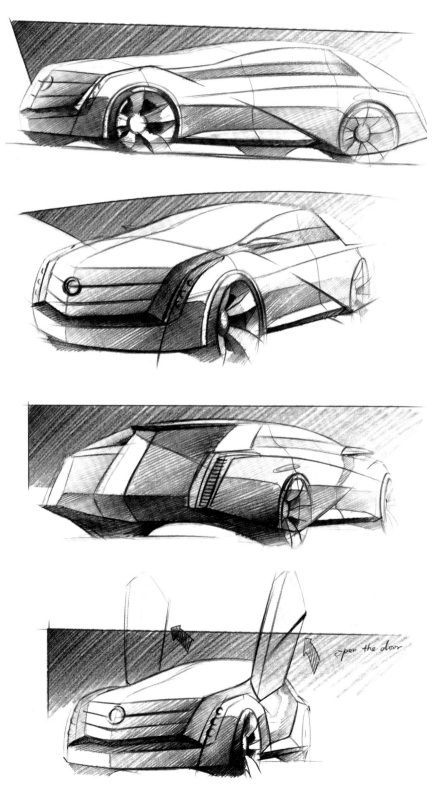

图 5-3

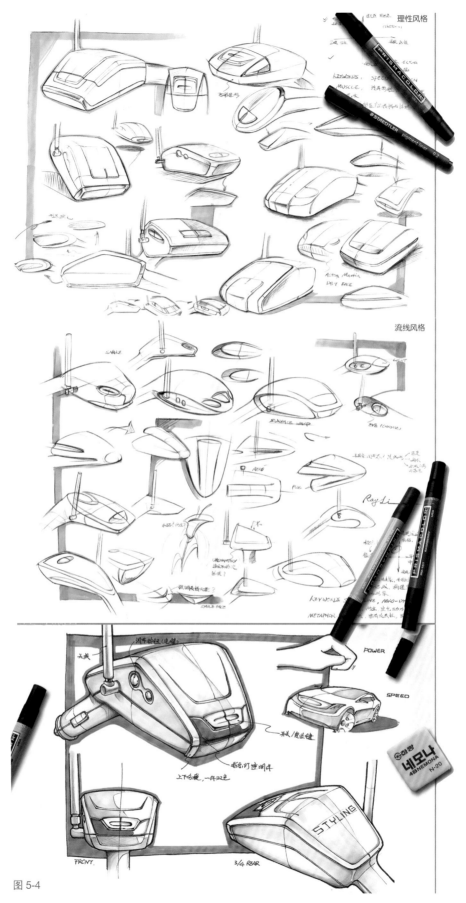

图 5-4

图 5-5

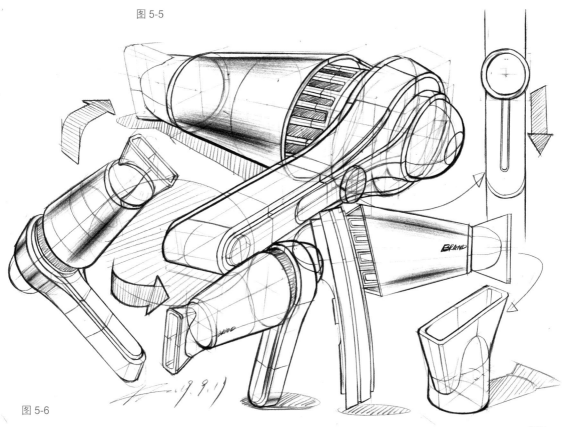

图 5-6

单线草图绘制步骤示范如图 5-7 ～图 5-14 所示。

图 5-7

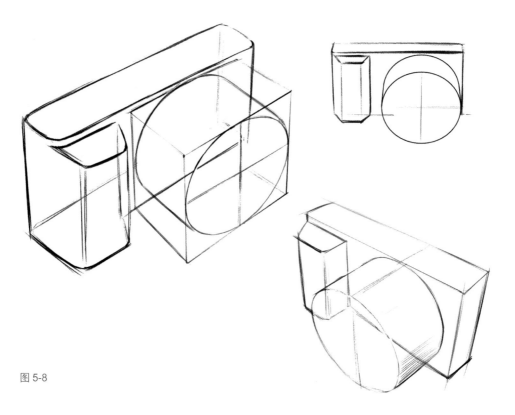

图 5-8

图 5-9

图 5-10

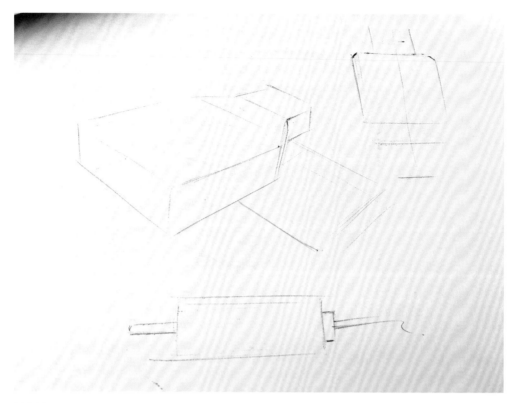

图 5-11

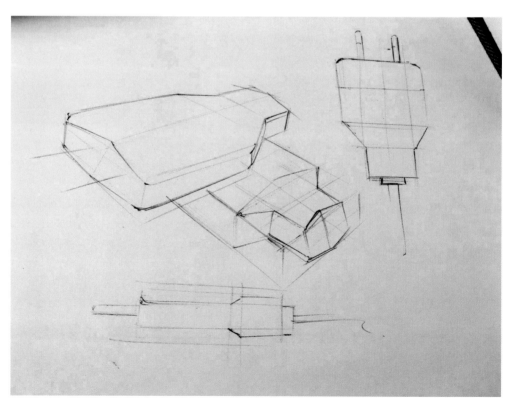

图 5-12

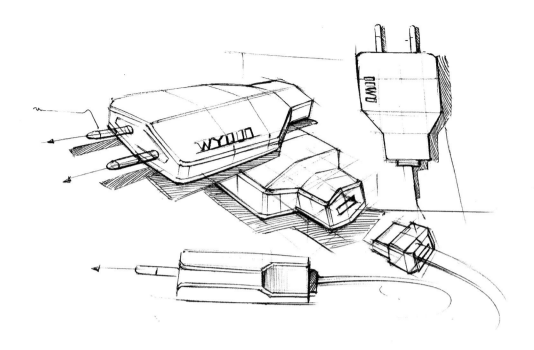

图 5-13

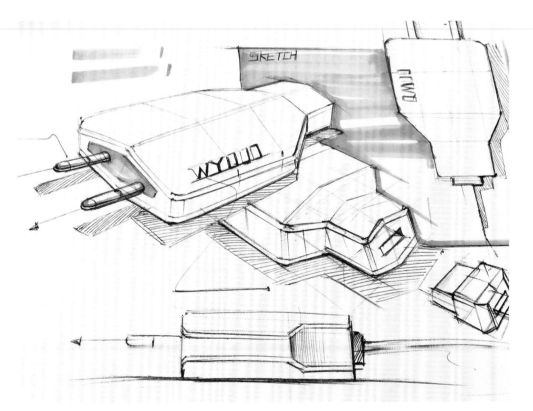

图 5-14

汽车单线绘制配合 PS 简单上色步骤示范如图 5-15 ～图 5-18 所示。

图 5-15

图 5-16

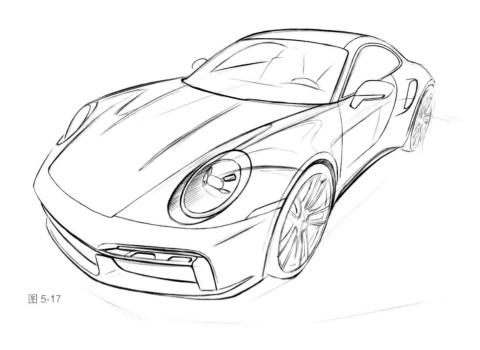

图 5-17

图 5-18

5.3 马克笔表现

　　马克笔具有速干、稳定性高、携带方便、使用便捷、书写流利、可重叠涂画、可覆盖于各种颜色之上、有光泽等特征，可以与色粉等结合使用。马克笔的笔头有圆头和平头等形状，圆头笔可以表现轮廓和物体的细节，平头笔可以通过笔尖的丰富变化来表现宽窄和块面。

马克笔的种类很多，在此仅介绍几种常用的。

（1）水性马克笔：产品设计手绘练习时常用的绘画工具，没有浸透性，遇水即溶，绘画效果与水彩相同，适用于大面积的画面与粗线条的表现，尖头适用于画细线和细部刻画。

（2）油性马克笔：具有浸透性，挥发较快，通常以甲苯为溶剂，使用范围广，能在任何材质的表面上使用，如玻璃、塑胶等。由于它不溶于水，所以也可以与水性马克笔混合使用，且不会破坏水性马克笔的痕迹。

（3）酒精性马克笔：透明性较好，笔触的叠加比较柔和，颜色混合性较好，色块均匀。

由于油性和水性马克笔的浸透情况各有不同，因此在作画时，必须详细了解纸与笔的性质，相互照应，多加练习，绘图时才能得心应手，达到鲜明显著的效果。如图 5-19 所示为比较精细的效果图，主要颜色采用马克笔着色，重点强调的是形体的转折部分和重色区域。在设计构思过程中，马克笔大都用于简单概括的初步效果图，以丰富由线条建立起来的形态特征，如图 5-20 所示。

图 5-19

图 5-20

5.4　马克笔练习的方法

　　马克笔练习开始之前，首先要了解马克笔的特性，其头部一般是楔形，用笔的时候必须让笔头和纸面贴合。

　　马克笔的练习方法可以从基础形态入手，比如细节不多、块面性强、棱角分明的产品。这样的产品可以锻炼控笔能力，同时有助于更好地理解光影关系。然后慢慢上手复杂形态，复杂形态跟简单形态的区别是产品曲面和细节比较多，不仅仅要会分析光影关系，也要学会细节上色。小的细节上色比如按钮，虽然面积很小但是上面有很多复杂的形态变化，这时候就需要把产品的结构线找出来，根据产品结构线的凹凸变化来找出光影变化。如果细节的刻画能表达清晰，那么表现复杂产品就没有问题了。

　　用冷灰系列或者暖灰系列的马克笔进行草图绘制是目前常用的形式。

（1）先用冷灰色调或暖灰色调的马克笔将图中基本的明暗关系、形体转折关系渲染出来。

（2）用笔讲究快速果断。马克笔着色后很容易干，所以可以反复叠加颜色，但把握不好容易出现混浊状态，应尽量减少用笔次数，以保持马克笔干净透明的特点。

（3）用笔要注意笔触的效果，以及点、线、面的笔触搭配，有意识地组织线条的方向和疏密程度，这样整幅画面就有了统一的风格。

（4）上色采用由浅入深的原则，一步步渲染产品形态的各部分关系，用色适可而止，要认识到马克笔上色只是辅助草图效果，真正起主要塑造作用的还应是线条。

（5）马克笔可以结合彩铅、水彩等工具使用。有时候马克笔可以起到修饰线条失误的作用。如图 5-21 所示为单色马克笔的上色效果。

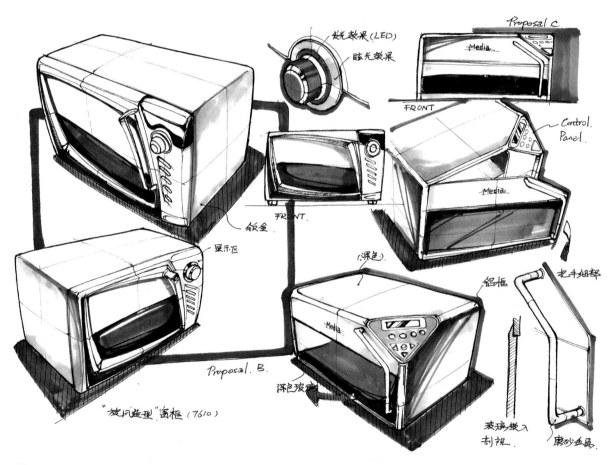

图 5-21

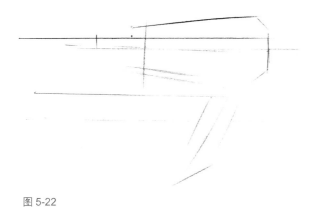

下面通过范例着重介绍马克笔的使用方法。

电吹风的上色步骤：

（1）如图 5-22 所示，用黑色签字笔快速打稿，简单勾勒出产品的基本形态特征，也可以选用铅笔、圆珠笔打稿，尝试各种笔的使用，找到适合自己的表现工具。

图 5-22

（2）如图 5-23 所示，强调主要的形体线，区分主次关系，丰富局部结构。

（3）如图 5-24 所示，用浅灰色马克笔刻画形体的转折部分，建立起基本的立体效果，用笔要快速果断，笔触不宜过多，尤其要注意的是，在一个连续的形体面上要用笔连贯，以保持形态的完整性。

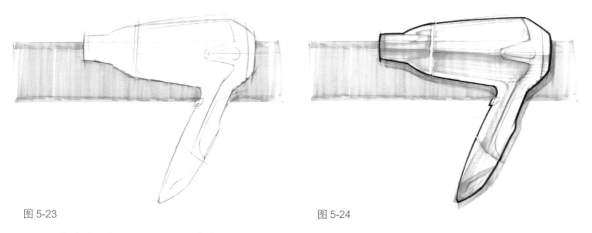

图 5-23   图 5-24

（4）如图 5-25 所示，用中灰系列马克笔强调电吹风的明暗交界线位置。

（5）如图 5-26 所示，继续用深灰色系列马克笔渲染效果，最后用黑色马克笔刻画其细节暗部，并增加黑白的对比关系，形成画面的黑白灰效果。

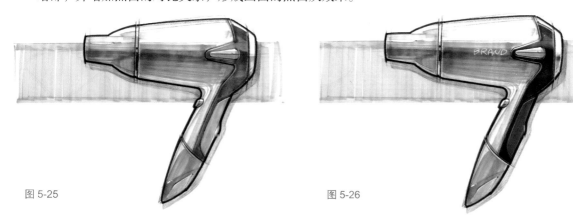

图 5-25   图 5-26

如图 5-27 所示为使用马克笔上色的范例。

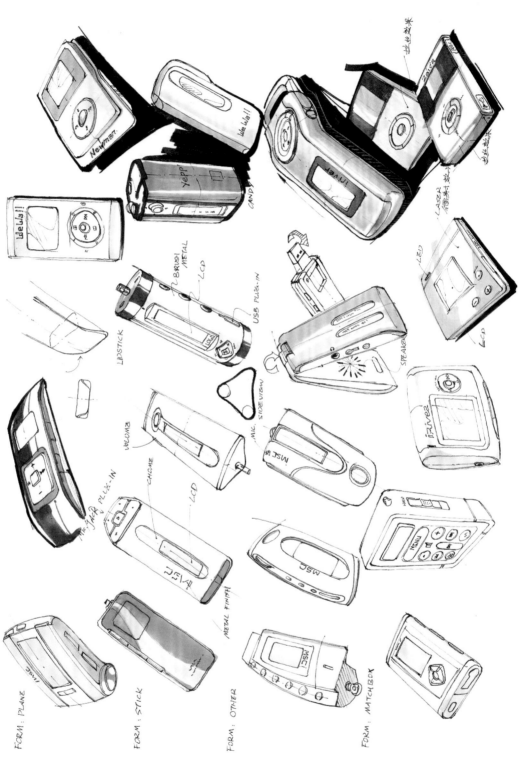

图 5-27

汽车的上色步骤：

（1）如图 5-28 所示，用单线勾勒出大体的汽车外形，注意汽车的透视关系，车身正面和侧面的几条透视线是绘制其正确比例关系的重要参考。

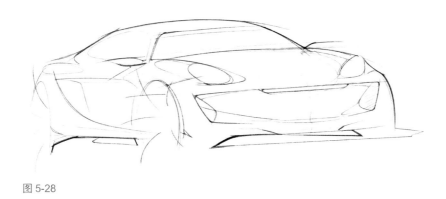

图 5-28

（2）如图 5-29 所示，要强调结构线的特征，并对形体进一步修正，用笔触排出玻璃反光的线条。

图 5-29

（3）如图 5-30 所示，用深灰色马克笔画出汽车暗部和表面反光的深色区域，注意在同一个形态面上笔触方向要尽量保持一致。

图 5-30

（4）如图 5-31 所示,用黑色或者深灰色马克笔刻画出车底部、重点形态转折位置、凹陷区域,对比出整体大面积的灰色效果。

图 5-31

如图 5-32 ~图 5-36 所示为课堂练习参考范例,其构图形式可以借鉴,分清画面的主次虚实关系,构图本身也能体现出设计师的审美素质。

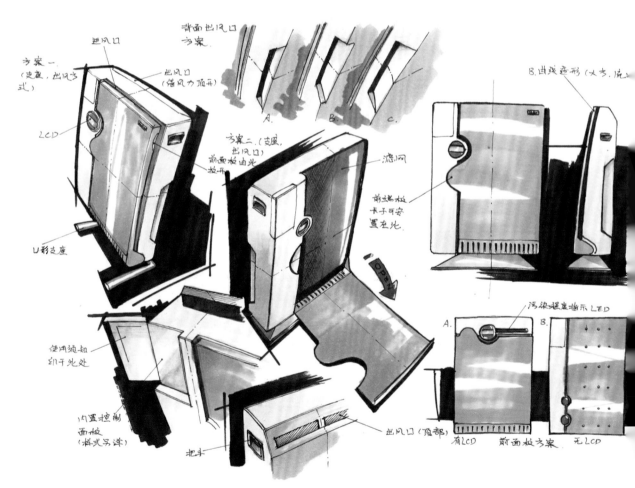

图 5-32

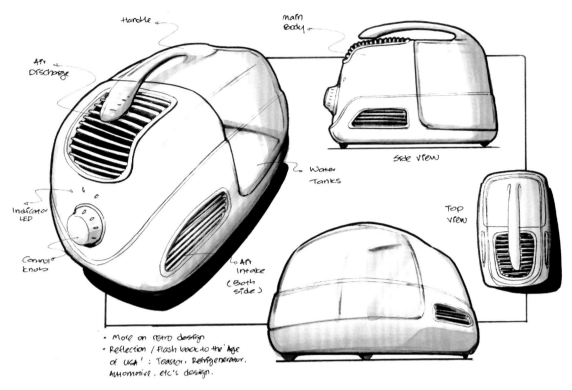

Handle

main Body

Air Discharge

Water Tanks

Indicator LED

Control knob

Air Intake (Both Side)

Side view

Top view

- More on retro design
- Reflection / Flash back to the 'Age of USA' : Toaster, Refrigerator, Automotive, etc's design.

图 5-33

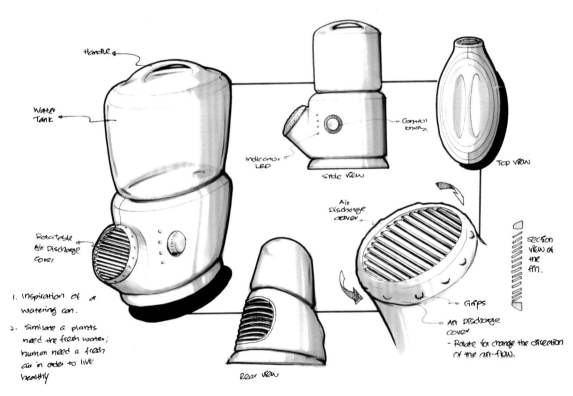

Handle

Water Tank

Rotatable Air Discharge Cover

Indicator LED

Side view

Control knob

Top view

Air Discharge Cover

Section view of the fin.

Grips

Air Discharge Cover
- Rotate for change the direction of the air-flow.

1. Inspiration of a watering can.

2. Similate a plants need the fresh water; human need a fresh air in order to live healthly

Rear view

图 5-34

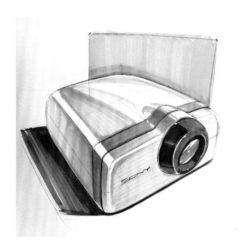

图 5-35

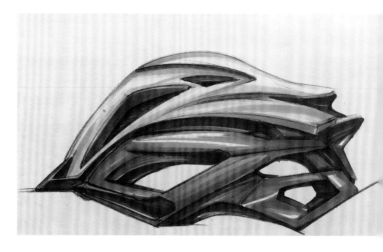

图 5-36

摄像机的上色步骤示范如图 5-37 ～图 5-40 所示。

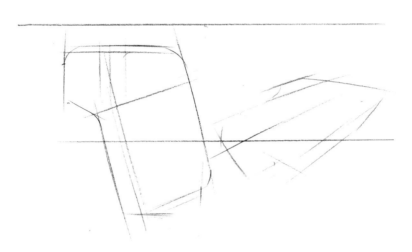

图 5-37

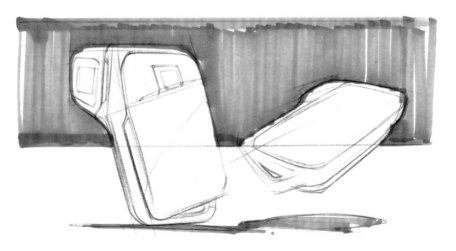

图 5-38

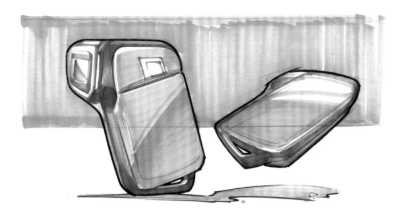

图 5-39

图 5-40

电钻的表现图如图 5-41 和图 5-42 所示。

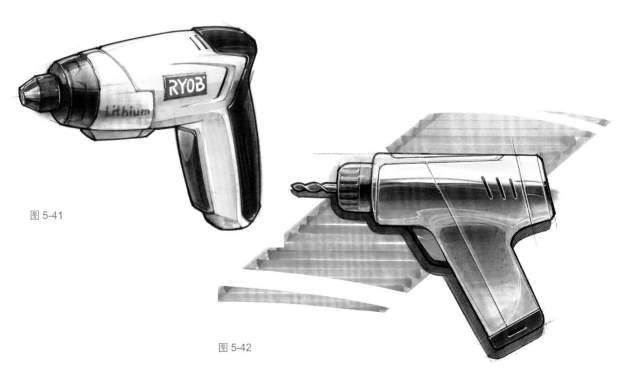

图 5-41

图 5-42

如图 5-43 所示为微波炉的设计草图，电器产品以灰色调居多，对于暖灰、冷灰马克笔的搭配使用要分清色调主次关系，有对比、强弱才能使画面效果协调。如图 5-44 所示为运动鞋的上色练习，此图为学生课堂习作，勾画认真仔细，对于形体细节的分析比较到位，马克笔的运用略显烦琐，缺少一些明快的感觉。

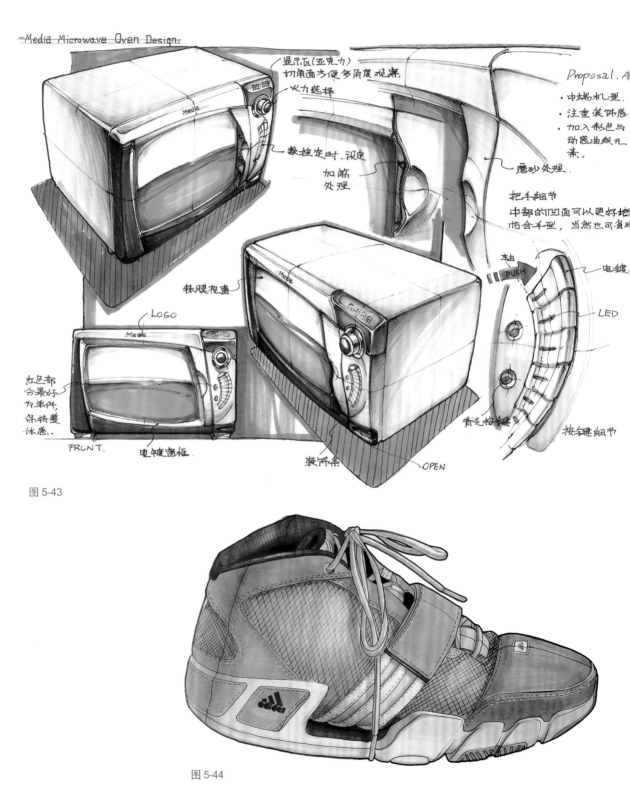

图 5-43

图 5-44

在马克笔上色的基础上还可以略加色粉渲染其效果。如图 5-45 所示为吹风机草图步骤一，单线起稿，用马克笔对明暗、形态结构进行简单渲染，勾勒出整体效果。如图 5-46 所示为吹风机草图步骤二，在马克笔绘图的基础上对亮面和灰面擦涂了一些色粉。

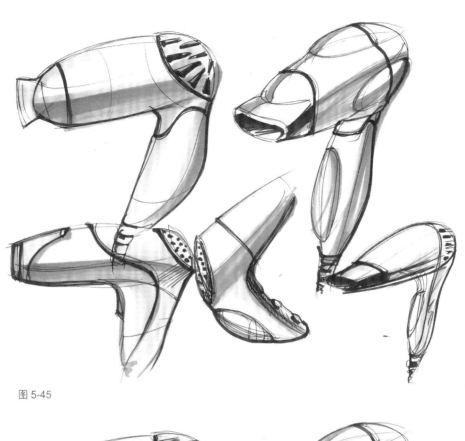

图 5-45

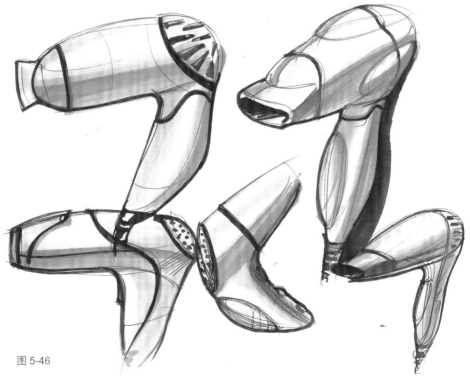

图 5-46

手提灯的上色步骤示范如图 5-47 ～图 5-51 所示。

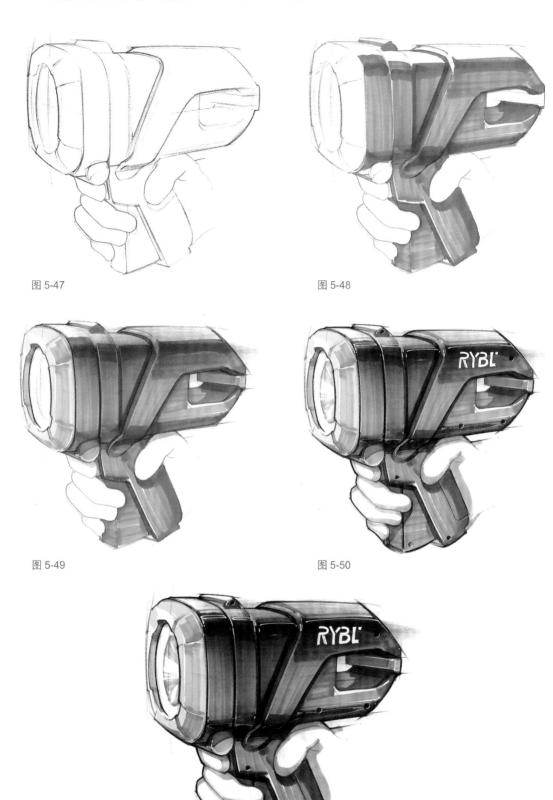

图 5-47

图 5-48

图 5-49

图 5-50

图 5-51

无人机的上色步骤示范如图 5-52 ～图 5-56 所示。

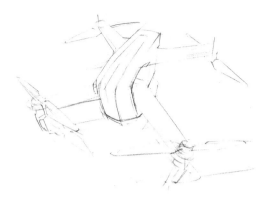

图 5-52

图 5-53

图 5-54

图 5-55

图 5-56

玩偶的上色步骤示范如图 5-57 ～图 5-61 所示。

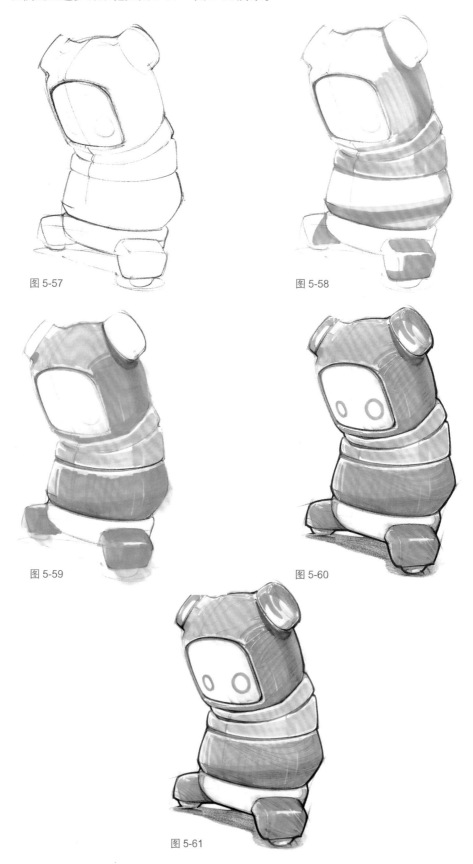

图 5-57

图 5-58

图 5-59

图 5-60

图 5-61

鼓风机的上色步骤示范如图 5-62 ～图 5-66 所示。

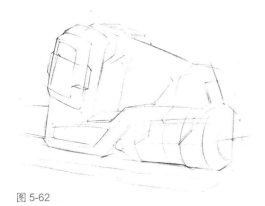

图 5-62

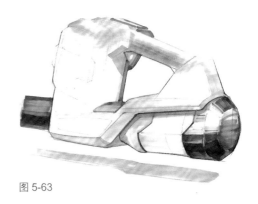

图 5-63

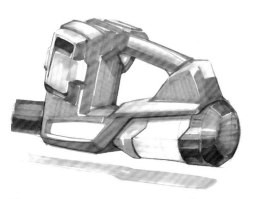

图 5-64

图 5-65

图 5-66

吸尘器的上色步骤示范如图 5-67 ～图 5-70 所示。

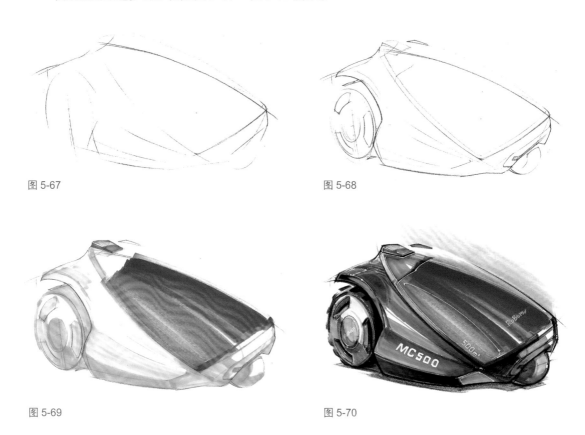

图 5-67

图 5-68

图 5-69

图 5-70

在课堂上，使用马克笔快速表现示范如图 5-71 ～图 5-78 所示。

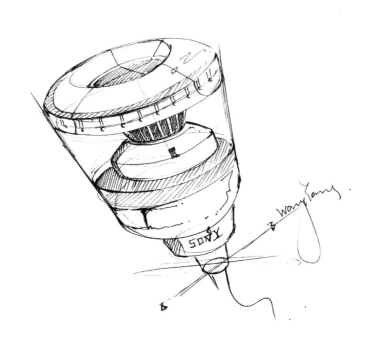

图 5-71

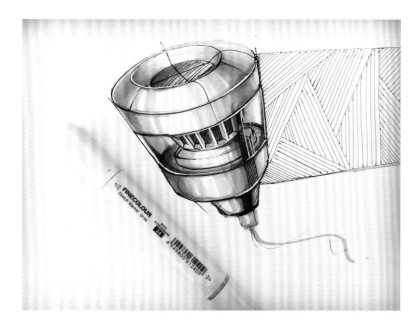

图 5-72

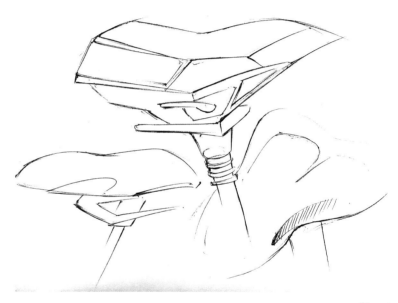

图 5-73

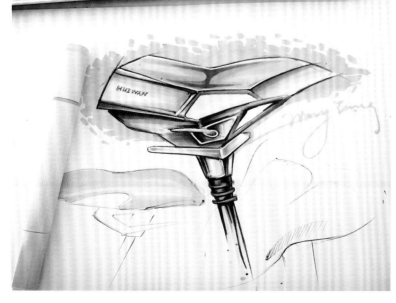

图 5-74

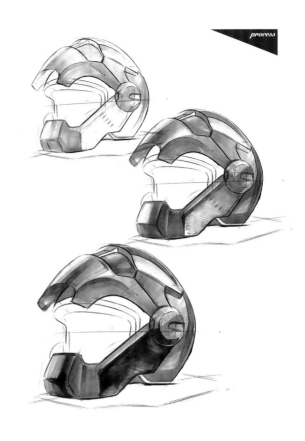

图 5-75

图 5-76

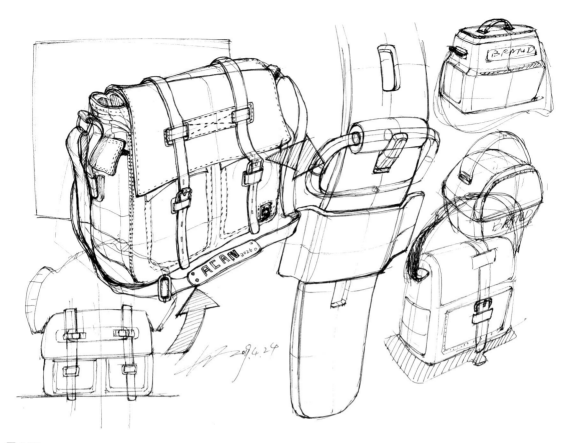

图 5-77

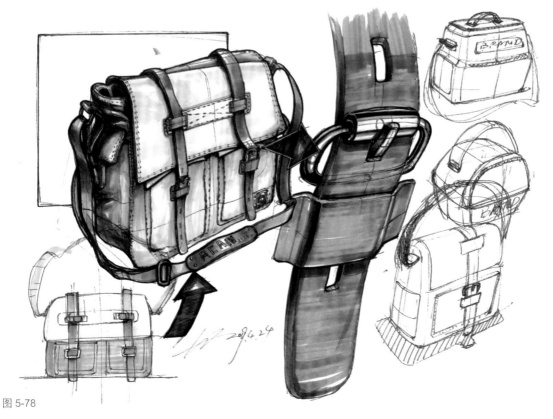

图 5-78

多角度汽车的上色步骤示范如图 5-79 ～图 5-82 所示。

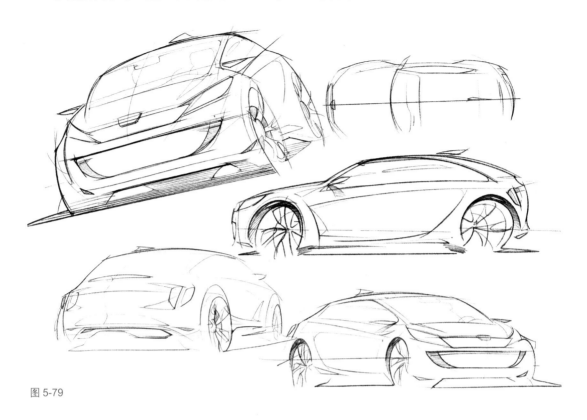

图 5-79

图 5-80

图 5-81

图 5-82

5.5　手绘板绘制草图步骤

（1）如图 5-83 所示，在 Photoshop 中新建一个空白图像，新建一个图层作为草稿层，在该层绘制线稿，线稿要清楚地表现出汽车的体面关系、透视关系、总体姿态，以简要、明快的笔调为主，切忌过多地表现细节，初稿以简洁、明快、整体为要点，突出体现车型的体态美。

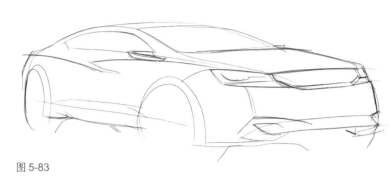

图 5-83

（2）如图 5-84 所示，在初步线稿基础上勾勒细节，包括车灯、格栅、轮毂、分缝线、型面结构线等，所有细节都要符合整体的美感，与车身协调一致。

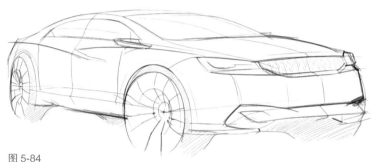

图 5-84

（3）如图 5-85 所示，在线稿基础上新建一层作为底色层，使用渐变画笔，铺设大的光影和色调，运用冷暖对比色调，表现出光源的色光差异及车体型面的大转折关系。

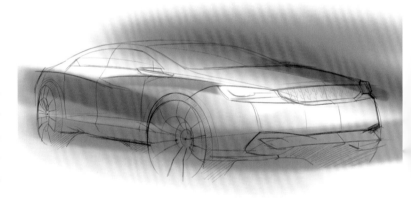

图 5-85

（4）如图 5-86 所示，新建一层，使用笔刷绘制深色区域，包括车窗、格栅、大灯、保险杠下进气口、轮胎等，此时车体表面的转折关系已经大致明了。

图 5-86

图 5-87

（5）如图 5-87 所示，新建一层，绘制汽车前脸的细节，包括发动机盖板、格栅、大灯、保险杠。

图 5-88

（6）如图 5-88 所示，绘制前轮毂、轮胎等部分，轮毂的表现对于汽车的透视、体量感、姿态感有重要的作用，透视准确、适度夸张的表现可以让车辆显得扎实、稳重、有力、动感，表现车轮毂应尽量真实，轮辐的透视、轮辐之间的透空表现也要注意运用透视规律。

图 5-89

（7）如图 5-89 所示，用同样的方法表现后轮毂，熟练使用笔刷和橡皮擦可以提高数字草绘的速度。

图 5-90

（8）如图 5-90 所示，基本表现到位以后，开始增加曲面的光影细节，此时可以使用钢笔勾勒符合曲面走势的高光、阴影等，使用笔刷填充。指定橡皮擦为渐变笔刷，调整笔刷硬度擦除部分底色，以产生具有动感的背景。

（9）如图 5-91 所示，增加分缝线、提白、增加牌照板等细节。在绘制过程中，造型需要不断推敲，可以说绘制草图的过程就是一个再设计的过程。

图 5-91

（10）如图 5-92 所示，通过调整色调、加深、减淡等手法，提升草图表现效果。

图 5-92

5.6 马克笔＋色粉上色画法

马克笔与色粉相结合绘图可以实现无水作图，随着设计工具的不断发展，色粉的使用频率逐渐降低，所以将马克笔和色粉结合的画法放到最后介绍。

虽然用马克笔绘制的草图干净、透明、简洁、明快，但马克笔在表现产品细部微妙变化与自然过渡方面略显不足，不宜表现大面积的色块。而色粉的表现细腻、过渡自然，对反光、透明体、光晕的表现简单有效，适于表现较大面积的过渡，但色粉的色彩明度和纯度较低，感觉比较松散。马克笔＋色粉上色画法是将两者结合使用的一种方法，使二者优势互补，具有很强的表现力，是设计表现中常用的技法之一。下面通过范例介绍这一技法的操作过程。

（1）用铅笔在较为平滑的纸上起稿，注意形体的透视，如图 5-93 所示。

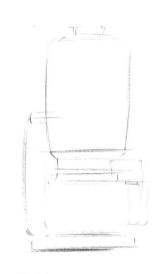

图 5-93

（2）用浅黄色粉擦出玻璃瓶较为整体的色块，这一步骤可用遮挡纸盖住周围区域，如图 5-94 所示。

（3）继续用色粉擦出其他色块，为保持画面的整洁清新，在涂擦某一区域的色块时，可将周围部位用遮挡纸盖住，如图 5-95 所示。

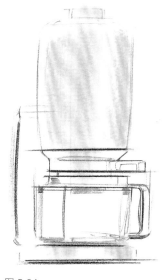

图 5-94

图 5-95

（4）用马克笔勾画出形体的暗部和轮廓线，并体现形体的块面层次。高光部分用橡皮擦出，细节的高光可用白色水粉画出，注意玻璃质感的表达，如图 5-96 所示。

（5）最后调整完成，如图 5-97 所示。

图 5-96

图 5-97

课堂练习范例如图 5-98 ～图 5-109 所示。

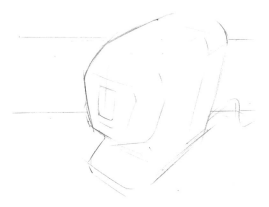

图 5-98

图 5-99

图 5-100

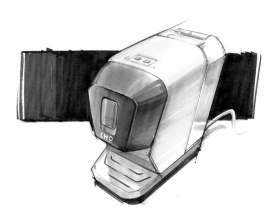

图 5-101

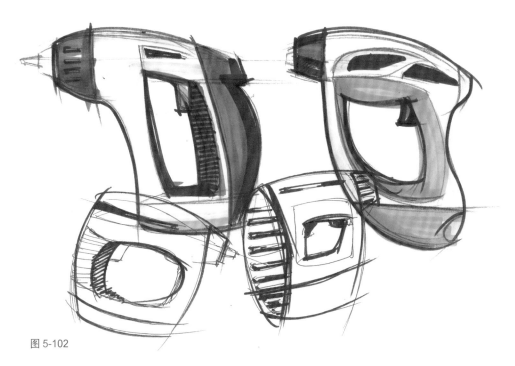

图 5-102

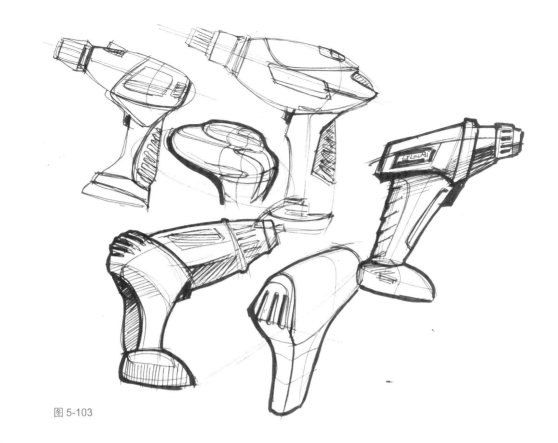

图 5-103

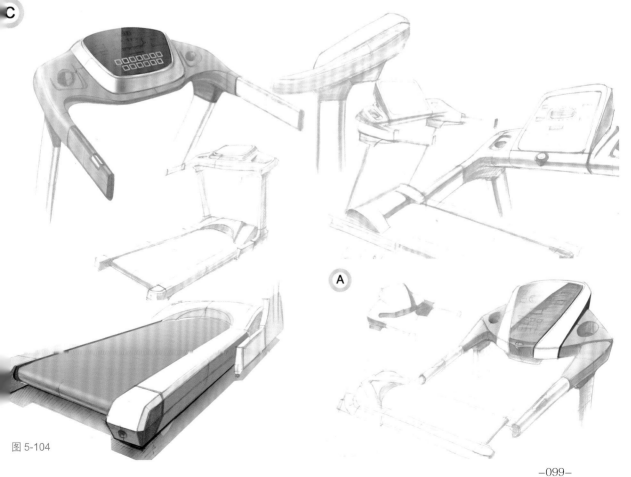

C

A

图 5-104

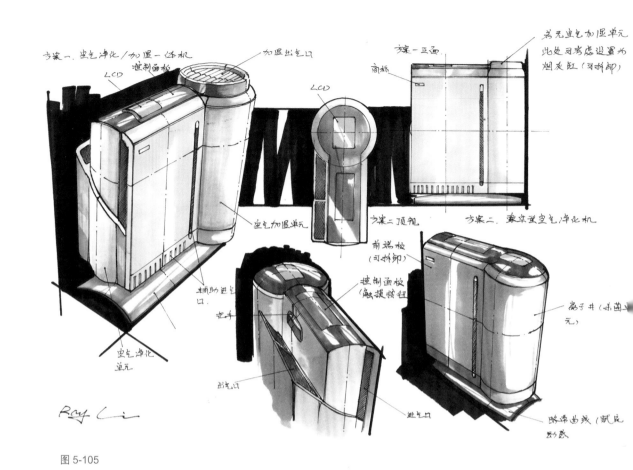

方案一: 空气净化/加湿一体机

LCD

控制面板

加湿出气口

方案一正面

商标

为元空气加湿单元
此处可考虑设置为
烟灰缸(可拆卸)

空气加湿单元

LCD

辅助进气口

空气净化单元

方案二顶视

前端板(可拆卸)

控制面板(触摸按钮)

把手

出气口

进气口

方案二: 家居型空气净化机

离子井(杀菌单元)

路弗曲线(飘尾动感)

Ray Li

图 5-105

深色面板

LED
会随火力的变化
而变色

按钮

显示区

亮色金属

控制区(茶褐色)

深色面板(黑色)

铝材

(小类腔"设计)

电镀件
装饰条

按钮最好
加以柔化
(考虑背光)

LCD

VFD

表面花样可
用象征"食"的
甲骨文抽象
而成

嵌入

材料与液
晶面板形
成对比

LCD

玉碟导航键

操作按钮置于微晶
面板上

按钮或VCM

LCD

深色镜面

磨砂效果
(金属)

暗色亚光
操作面板

图 5-106

图 5-107

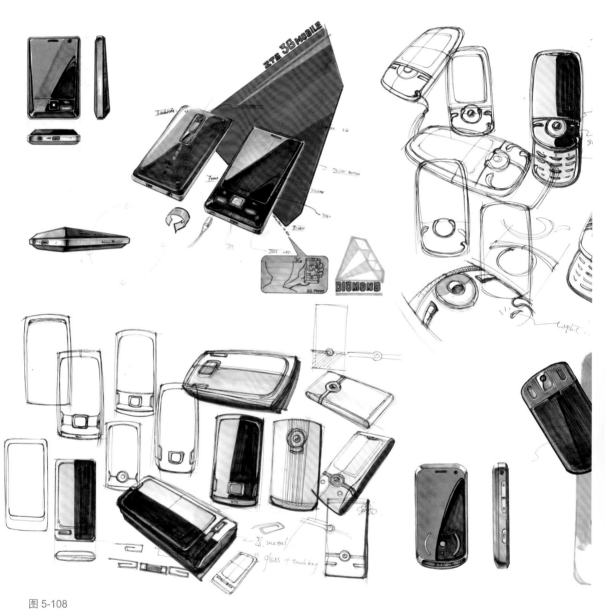

图 5-108

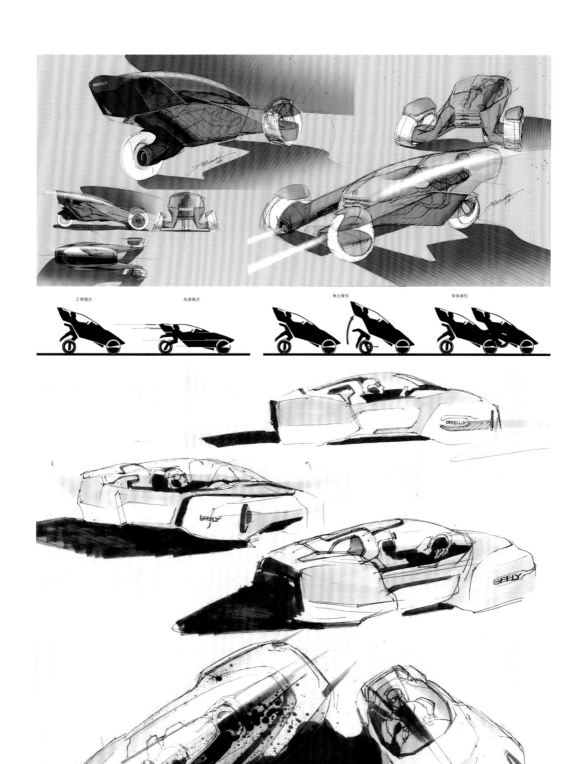

图 5-109

训练指导

（1）可以先选择优秀的设计作品进行临摹，可参考第 6 章所提供的设计案例。结合理论讲解对设计作品进行分析，在充分理解的基础上再展开实物写生，灵活运用所总结的技法。

（2）实物写生前要对该产品进行仔细的研究和分析，甚至可以对一些产品进行拆分，绘制爆炸图，充分理解形态组成的结构关系。对该产品进行重新组装后绘制多角度表现图，选择的绘制角度应该体现出该产品的主要设计特征。

（3）线条是构成形态的基本要素，不能过分依赖其他工具的渲染效果，要强调线条本身的造型力量。

（4）绘制对象可以先选择自己感兴趣的产品，之后再选择有代表性的产品进行临摹或者写生。

本章小结

本章介绍了产品设计手绘表现的分类，总结了手绘表现的一些常用技法，包括设计草图的单线绘制方法、马克笔表现技法和数字草绘技法。重点讲授了马克笔的特点和使用方法。对范例进行了分步骤讲解，一步步深入分析技法构成要素，强调了绘制过程的顺序性。

第**6**章
产品设计手绘实践应用

教学目标

通过案例分析，总结在实际产品设计过程中手绘技法的应用特点。学会如何将设计构思与表现技法相结合，分析设计概念是如何通过手绘一步步形成的。帮助学生总结前面所学的表现技法，针对手绘学习进行总结和概括，并通过临摹和借鉴提升手绘技能。

建议学时

课堂讲解和训练8学时，课外每天针对一个设计案例进行手绘练习。

产品设计是时代的产物，与时俱进、出新出奇是其显著的特点。工业产品的设计过程一般要经历4个阶段：市场调查阶段，草图创意阶段，效果图绘制和模型制作阶段，样机试制与产品生产阶段。而设计表现作为产品设计中的一个重要环节，必然与所处时代的技术条件息息相关。造型表达的技术与生产制造的技术是相辅相成的。设计是表现的目的，表现依附于设计，是设计的手段，成熟的设计也伴随着完善的表现形式而产生，两者相辅相成，互为因果。

产品设计表现是产品设计的通用语言，也是设计师传达设计创意必备的技能和手段，更是设计全过程的一个重要环节。

设计师的工作相对于艺术家而言，所应用的表现技法并不是纯粹绘画艺术的技法，而是在科学的设计思维和方法指导下，对符合生产加工技术条件和消费者需要的产品进行设计构想，通过技巧加以可视化的技术手段。所以产品设计表现技法这种专业化的特殊语言具有区别于绘画或者其他表现形式的特征。

产品的设计与生产过程是一个从无到有的创作过程，因此产品的设计表现也是从无形到有形、从模糊到明晰，并且一直贯穿在整个产品的开发设计过程中。一个经验丰富的设计师，会把娴熟的表现技巧自然地融入整个设计过程之中。下面结合产品设计过程，介绍一下设计表现在产品设计创意过程中的各种形式及重要作用。

1. 设计调研

产品设计在一开始就需要以周密的市场调查、市场分析为依据，这样才能做到有的放矢。这一阶段的设计表现方式主要以 PPT 报告的形式呈现，通过视觉化、具体化目标群体、使用环境、产品定位等内容，建立起决策层与设计师之间的联系，使其能够明确设计师的初步意图。

2. 设计构思

在设计策划方案通过之后，便进入了设计的构思阶段。此时，设计师可以随时以简单而概括的图形记录下任何一个构思，也就是所谓的构思草图。构思草图以数量为目的，对表现质量并无太高要求，因为过早地陷入细节容易影响设计师的思维发散，不利于设计方案的创新。

3. 设计展开

在对构思草图不同设计方案的讨论中，设计师择优确定其中可行性较高的设计方案，将最初的设计概念横向展开、层层深入，使较成熟的产品雏形逐渐表达出来。此时的设计表现方式主要以精细草图或方案看板为主。

4. 设计深入

经过上述步骤之后，产品的设计方案所要传达的主要设计信息，如产品的外观形态、内部结构、所需的材料及加工工艺等基本可以敲定。由于还需要让工程、结构等相关设计人员更直观地了解设计方案、确定整体尺寸，因此有必要绘制产品的二维、三维平面效果图和爆炸效果图。此时的设计表现应当涵盖产品设计中的每一个细节部分，目的是将设计师的意图准确无误地传达给下游工程设计人员。

5. 设计完成

产品结构和整体效果图为设计审核、模具制作、生产加工等部门提供产品生产的技术参考，工程设计人员可以依据这些参考在 CAD/CAM 软件中构建三维模型，同时进行结构设计，并以这些数据为依据试制产品手板和样机。在设计概念数字化、实体化这一步骤完成后，就基本可以得到产品生产后的预期效果了，表现形式通常为三维效果图、三维实体模型及工程结构、装配图。

从设计表现在产品设计环节所扮演的角色可以看出，其内涵及外延已获得了极大的拓展，它不仅涵盖从激发设计师灵感的设计草图到方案细化、绘制效果图的二维平面作业阶段，还包括从二维工程图的生成到制作产品手板、模型、样机等预想产品在实现量产化之前的所有从抽象的、二维的概念到具体的、三维实体的工作。在经济全球化的大背景下，市场竞争迫使生产企业尽可能地缩短产品开发周期，如何在尽可能短的开发时间内提高工作效率，把自己头脑中一闪而过的创意快速、合理、准确地表现出来，是摆在设计师面前的现实课题。

综上所述，设计表现在产品设计创意表达中的作用与意义可以归结为以下 3 点。

（1）记录思维过程，快速表达构想；

（2）推敲方案细节，延伸设计构思；

（3）设计师与其他领域专家沟通的桥梁。

6.1 电磨设计

如图 6-1 所示，前期构思阶段以单线草图形式进行表现，重在发散思维、拓展思维，注重概念生成的数量，采用海洋生物形态特征进行连续的造型规划。

如图 6-2 所示，对电磨设计方案进一步优化分析，重点确定几款方案并以马克笔简单渲染，表现出产品材质的特点和分形的可能性。这些草图是对仿生形态的极佳表现。

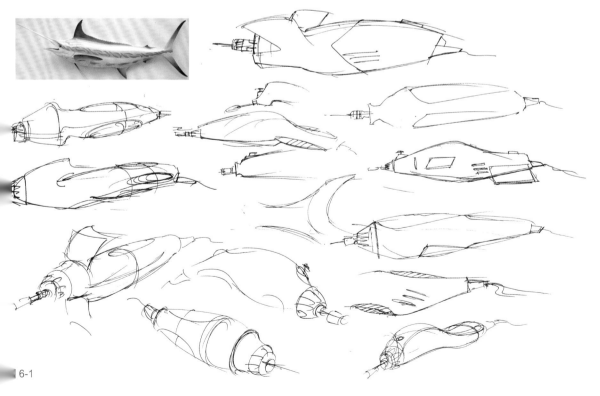

6-1

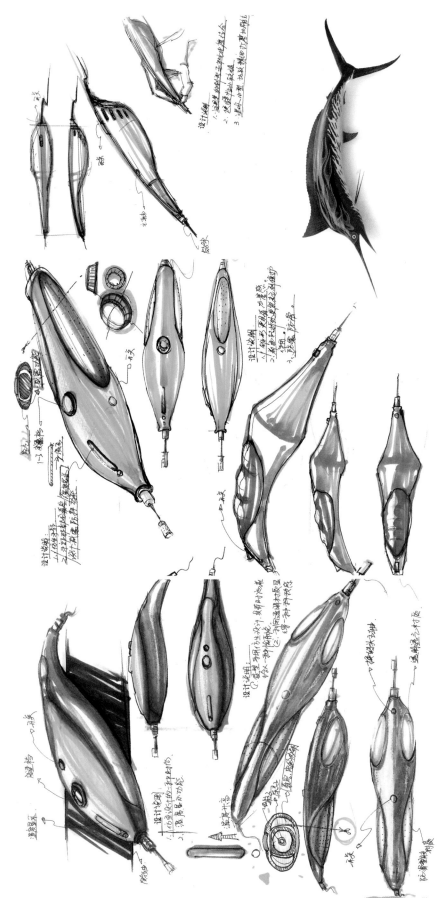

图 6-2

构思时要考虑人机方面的要求及手握操作时的状态，在保证产品基本功能的基础上归纳形态特征，手握时的阻力设计也是重点考虑的部分。

马克笔的灵活运用能表达出形态的起伏转折关系，也能表现一定的质感效果。只有对形态充分理解才能提炼有效的笔触，宽、窄笔触的组合能营造出面的过渡。

如图 6-3 所示，草图绘制的角度要选择能表现形态主要特征的一面。这个角度可以很好地控制产品的形态分布，有利于进一步提炼概念和选择方案。

如图 6-4 所示为电磨设计最终方案。

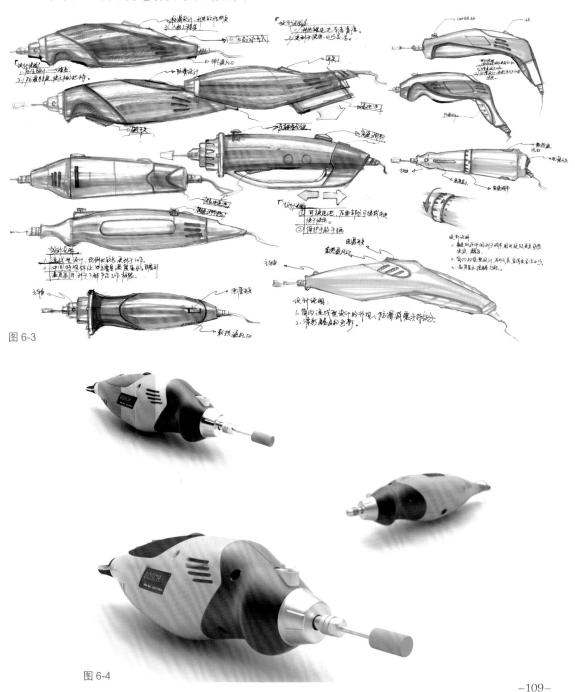

图 6-3

图 6-4

6.2 按摩椅设计

如图 6-5、图 6-6 所示为两款按摩椅设计方案效果图。

图 6-5

如图 6-5 所示方案以流线型为主，定位于家用，如果在此基础上进行改良设计，只需要少量模具，就可以使原有的产品更新换代，从而减少成本的投入，获得最大的利益。构思重点集中在侧板的形态设计上，考虑侧面塑料件的装饰效果要和整体协调，椅背和腿脚按摩装置应有一定的活动角度，所以要表现出侧板造型配合其他部位运动到不同状态时的整体效果。

如图 6-5、图 6-6 所示，两款造型运用的形态元素不同，产生了截然相反的效果。如图 6-6 所示的造型比较方整，更显大气，定位于商用环境，该产品吸取了汽车的造型元素，考虑了结构设计的可行性，造型特点明确，利于开模。

图 6-6

6.3 遥控器设计

如图 6-7 所示是一款遥控器的设计草图构思过程，该产品具有鼠标的功能即有滚轮和确认键。

该设计对遥控方式做了一些改变，更有利于手的把握和操作，强调用线条的造型力量来表现形体微妙的转折关系，这就要求设计师对产品内部构造有深入细致的了解。

将单线勾画的基础形态扫描到计算机上，用 Photoshop 进行表面渲染，使作品更接近最后的产品效果，这也是现在比较常用的表现方法。

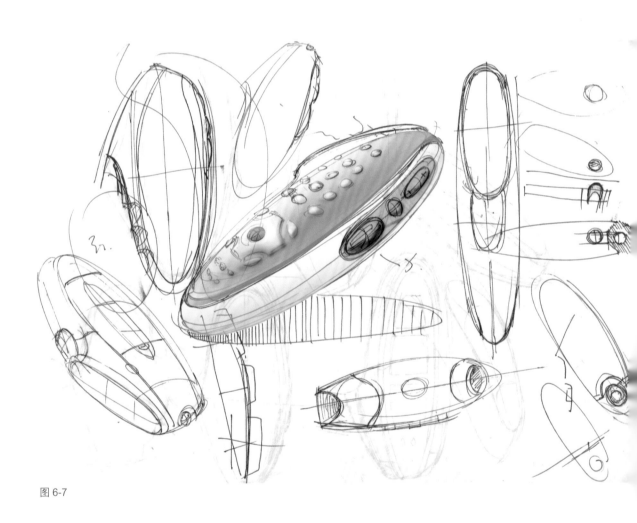

图 6-7

如图 6-8 所示为遥控器设计方案三视图草图。

如图 6-9 所示为遥控器设计最终方案实物照片。

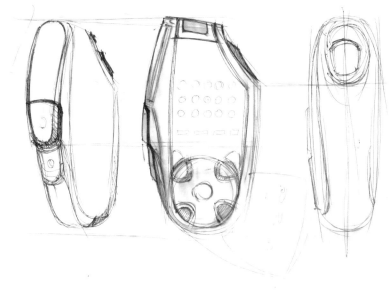

图 6-8

图 6-9

如图 6-10 所示为遥控器设计草图。

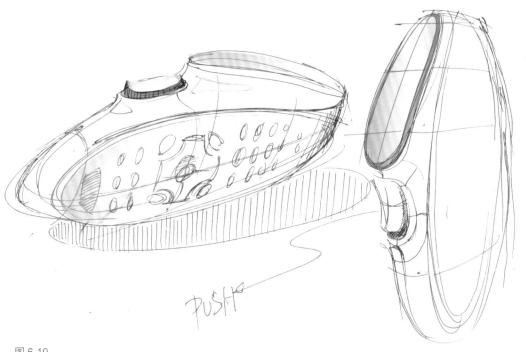

图 6-10

如图 6-11 所示为手握遥控器实物图。

如图 6-12 所示为设计草图。对用户操作习惯的分析要细致到每一个按钮的形态、位置。这部分草图应简单实用，没必要过多地用马克笔渲染，只需能把人机关系分析到位即可。

如图 6-13 和图 6-14 所示，草图构思选择了正面、背面、侧面的透视效果，以便能照顾整体形态的连贯和衔接，构图简单实用，表现比较全面。

先用圆珠笔勾画概念形态，对形体转折走向不断推敲，然后用粗签字笔描绘主体分形，突出形体的比例关系。

图 6-11

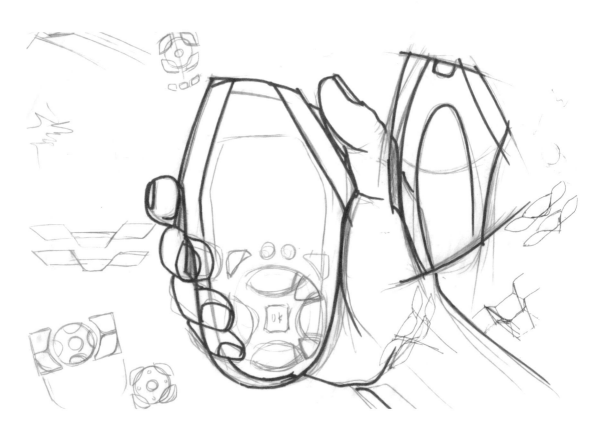

图 6-12

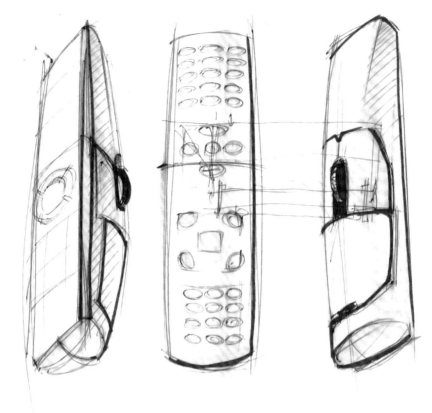

图 6-13

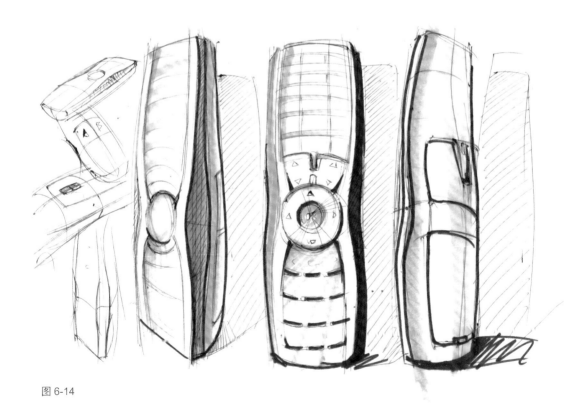

图 6-14

如图 6-15 所示，要充分分析造型前后面的对应关系，考虑内部结构设置的要求，布置细节形态。用笔要注重虚实搭配，突出整体结构关系。

如图 6-16 所示为选定方案的遥控器设计最终二维效果图。

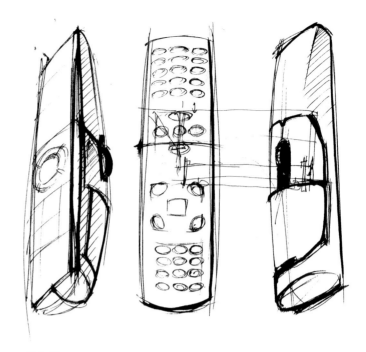

图 6-15

图 6-16

6.4 跑步机设计

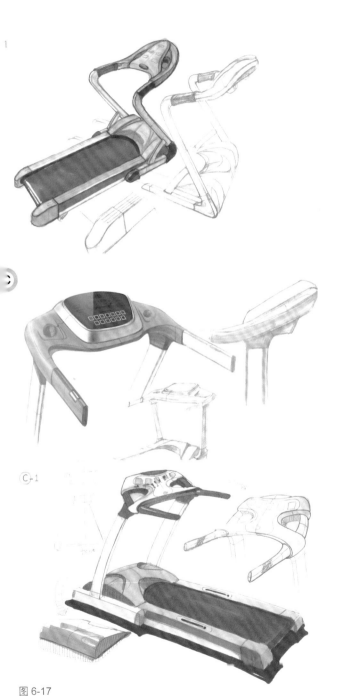

1

C-1

图 6-17

如图 6-17 所示是一款跑步机设计构思草图。

先以浅冷灰色马克笔进行整体块面的明暗渲染，用暖灰色区分出结构的分割，然后用中灰、深灰色进一步塑造形体暗部和转折面，最后重点刻画细节形态。

在确保基本功能的基础上增加操作面板的合理性、装饰性，采用不同的表面处理工艺诠释不同功能区的划分。另外要适当增加附加功能，完善人们在跑步过程中的各种需求，形成持久的吸引力。

如图 6-18 所示为跑步机设计最终三维效果图。

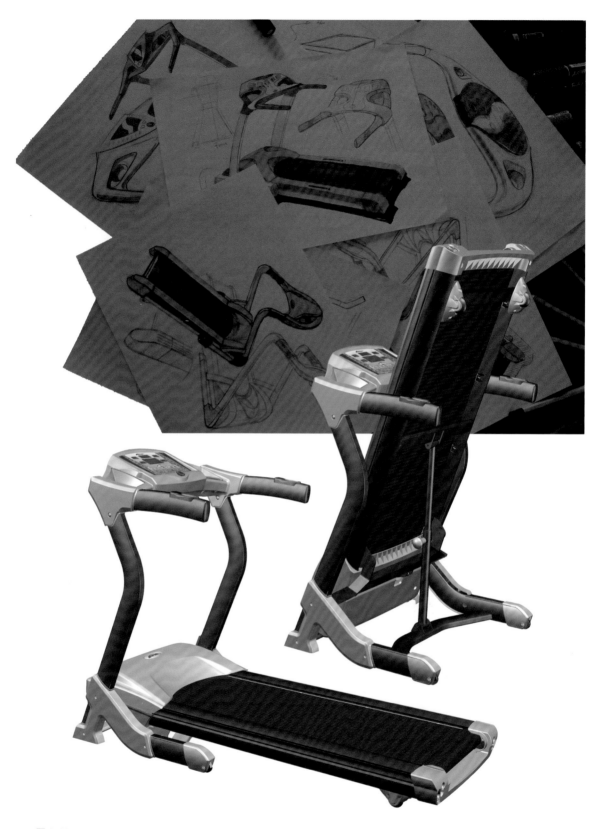

图 6-18

6.5 野营炉具设计

图 6-19

如图 6-19 所示为野营炉具设计最终三维效果图。

如图 6-20 所示为针对具体细节的设计草图，重点部位采用马克笔上色，突出了造型特点和材料质感。草图构思的过程实际也是了解该产品的一个过程，设计师不可能对每种产品都很了解，在接到一个以前没接触过的设计任务的时候，可以利用草图对现有产品的结构及造型进行勾画，达到了解和分析产品的目的。必要时可以对样品进行拆分研究。本设计就是采用这种方法进行的。充分把握现有产品的整体结构，才能给设计师更大的空间发挥其创意。

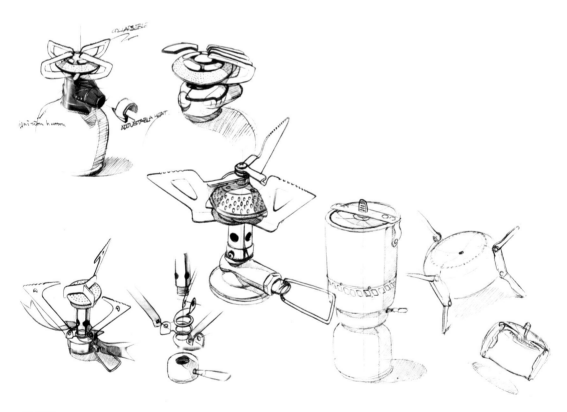

图 6-20

如图 6-21 所示，用炭笔对产品整体进行明暗规划，在重点部位采用蓝色马克笔上色渲染，由轻到重叠加颜色，产生形态的立体感、厚重感，最后用白色水粉点出高光。

如图 6-22 所示的造型创意来源于蜘蛛的形态，通过草图分析点火方式和开关装置的可行性。

图 6-21

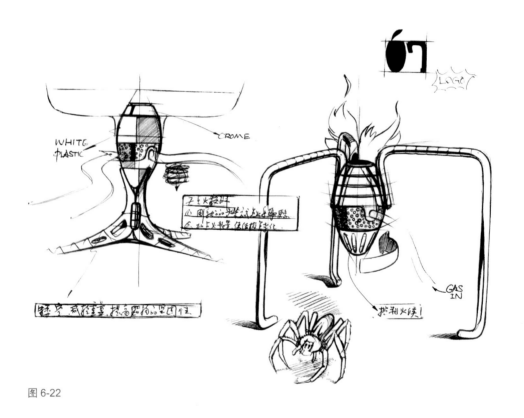

图 6-22

支架的设计考虑了两种形式：向中心集中的方式采用镂空设计，使产品减轻了重量；向四周张开的方式利于携带包装，各有好处。本设计最后选择了后者，在产品使用过程中稳定性是重要的考虑因素。

这里采用黑色签字笔进行绘制，在重点部位反复运笔进行强调，签字笔的优势在于颜色浓重，运笔流畅，避免了铅笔对橡皮过分依赖的状况，使思考过程更加顺利。

如图 6-23 所示为加气场景效果图。

如图 6-24 所示为最终细节效果图。

图 6-23

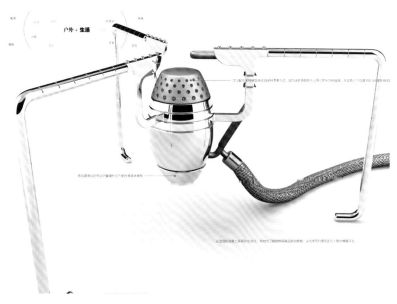

图 6-24

如图 6-25 ～图 6-27 所示为野营炉具构思草图。

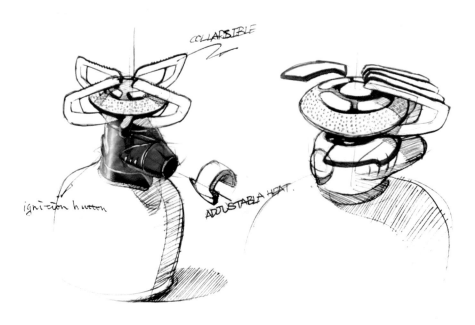

图 6-25

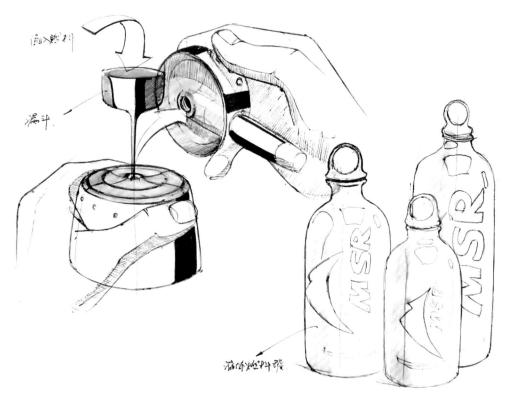

图 6-26

图 6-27

如图 6-28 所示为使用方式
效果图。

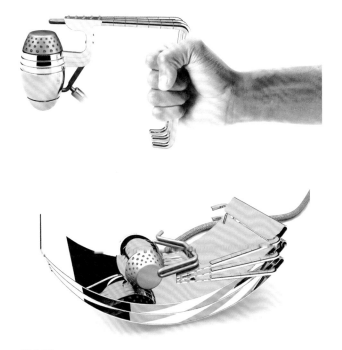

图 6-28

6.6 曲线锯设计

如图 6-29 ～图 6-31 所示为曲线锯的设计草图和效果图。

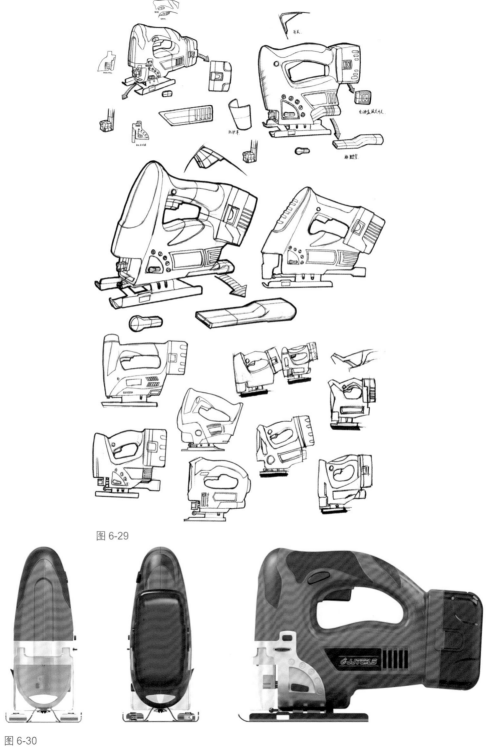

图 6-29

图 6-30

该产品命名为 SPE，为 Safe、Precise、Easy 的首字母，突出了这款产品使用安全、切割准确、操作方便的特点。

整体造型使曲线锯的中心下移，可以使其在工作时更加稳定，从而减小切割的误差。透明罩的设计可以保护使用者的安全。

草图采用黑色签字笔进行绘制，勾画的线条相对严谨，这里可区分出三条不同粗细的线：轮廓线、形体线和结构线。

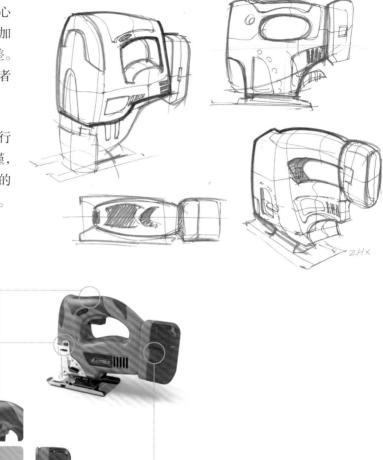

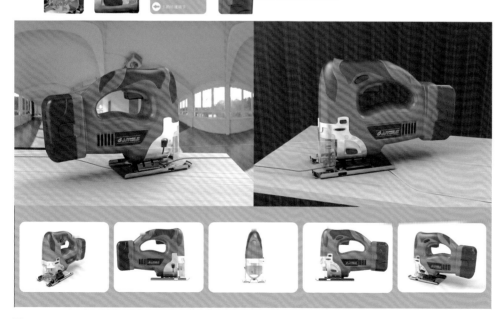

图 6-31

6.7 自行车设计

如图 6-32 所示是对自行车车架进行的改良设计草图。设计师在设计过程中认真进行了市场调研，参考了很多科幻电影中的形象，例如《异形》《变形金刚》《钢铁侠》等，造型灵感借鉴了电影中经典角色的形态特点，迎合了年轻人的喜好。

该设计形态线条感强，采用签字笔勾线，用中灰色马克笔渲染出明暗效果，不必在形态上反复着色，将大体转折关系一笔带出即可。

如图 6-33 所示为自行车局部效果图。

如图 6-34 所示为自行车最终效果图。

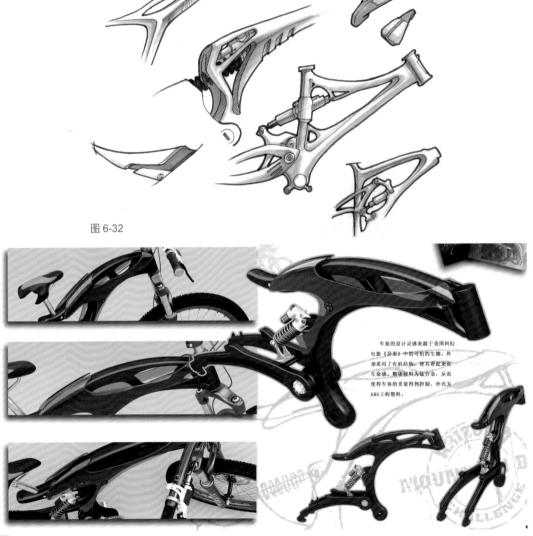

图 6-32

车架的设计灵感来源于美国科幻电影《异形》中的可怕的生物。外形采用了有机结构，使其看起来有生命感。整体材料为钛合金，从而使得车体的重量得到控制，外壳为ABS工程塑料。

图 6-33

车把的角度设计会使
骑行中不易疲劳。

可以调节高度单管

前叉采用油气叉，以
空气为回弹介质，以废油
为阻尼。轻松应对障碍物
攀越时的刚烈撞击。

车体减震器采用油液，
使整个车身在攀越时吸收大
量冲击力。

采用碟式刹车毂，制
动性很高，在速降时不必
担心刹车问题。

图 6-34

如图 6-35 所示为前期以发散思维快速绘制的造型方案，重点在于产品造型形式可能性的广度拓展，也是头脑风暴的视觉化、图形化。

如图 6-36 所示，大体方向确定后，再进行局部造型设计，可用马克笔适当渲染，以增加产品形体感，然后进一步对方案进行细节推敲。

图 6-35

图 6-36

如图 6-37、图 6-38 所示为方案的设计构思草图和效果图。

图 6-37

图 6-38

如图 6-39 所示，自行车结构图可以为后期的效果图制作提供便利，这时可以检查设计结构方面的合理性。手绘有助于设计师对产品结构深入了解并加深记忆，使后期建模更加容易。

如图 6-40 所示为自行车设计最终效果图。

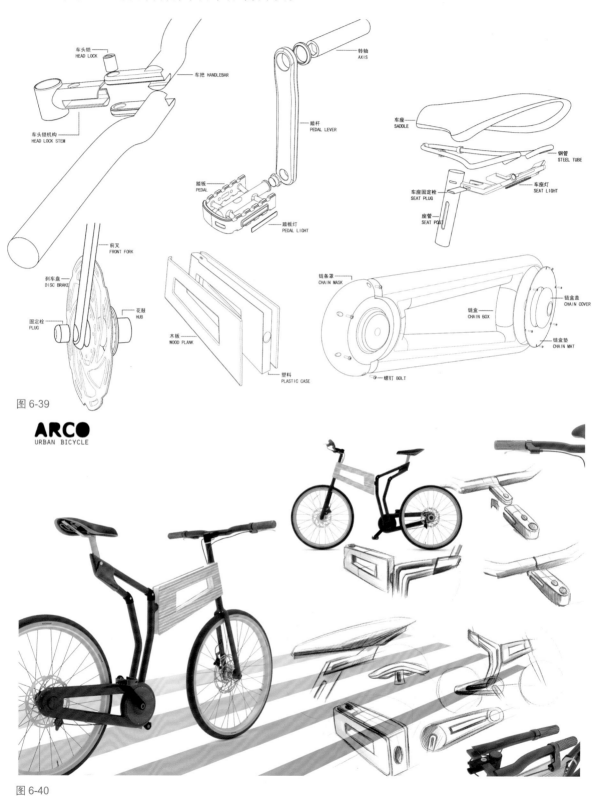

图 6-39

图 6-40

6.8 汽车效果图

　　如图 6-41 所示的汽车手绘效果图，线条采用圆珠笔进行描绘，笔触交错流畅，表现出了汽车曲面变化的丰富性，然后用马克笔展现了不同材质的质感。

图 6-41

　　用黑色马克笔勾画出车身侧面线条的光影变化，不规则的椭圆面概括出整体汽车形态的起伏变化。运用强烈的反光效果渲染汽车表面的流线型。

　　汽车手绘的重点是对透视关系的运用，要对汽车的造型结构特点熟练把握。

　　侧面的几条水平线是把握汽车正确透视的关键，也是车身形态构成的主要因素。

　　如图 6-42 所示为汽车另一角度造型的效果图，汽车在变换角度后要控制造型变化，形成同一款车形态的一致性和统一性。

图 6-42

6.9 概念车设计

如图 6-43 所示为概念车设计最终场景效果图。

如图 6-44 所示，先用铅笔勾画基本方案，然后在铅笔稿的基础上通过 Photoshop 进行简单渲染，最后采用手绘板绘制细节。

图 6-43

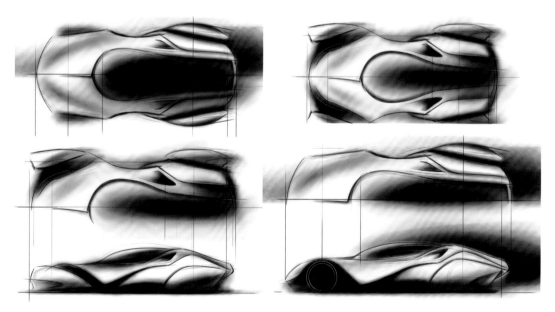

图 6-44

如图 6-45 所示为概念车设计效果图。

如图 6-46 所示为手绘板绘制的初步草图。

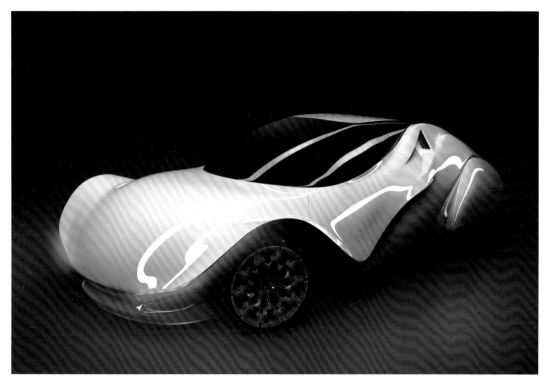

图 6-45

图 6-46

如图 6-47 所示为概念车局部效果图。

如图 6-48 所示为概念车造型构思来源。

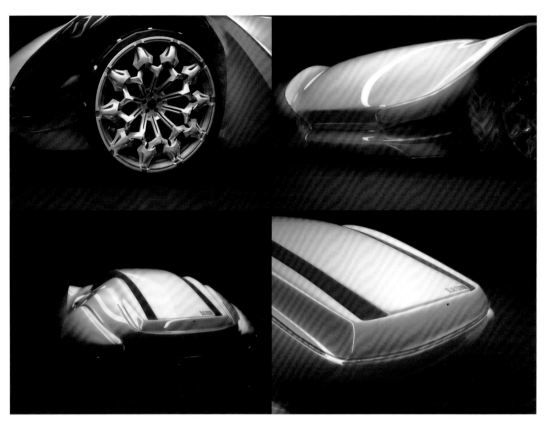

图 6-47

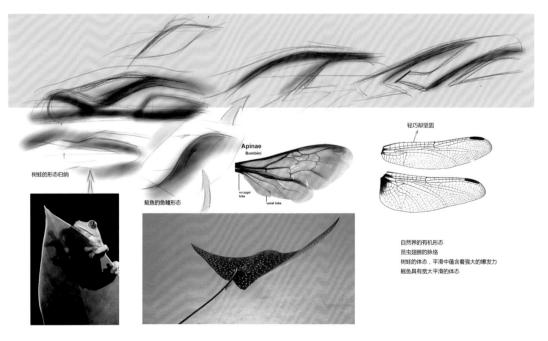

图 6-48

如图 6-49 所示为手绘板绘制的设计草图。

车门打开方式：当轻触车门向上抬起时，在助力装置的作用下，车门会产生向前上方，同时向外侧倾斜的动作。

多向动作转轴

图 6-49

　　概念车的外形源自海洋生物优雅的形态，稳定中蕴涵着时刻准备爆发的力量。流畅的曲线贯穿整个车身，遵循经典车型的完美比例，采用混合动力方式，在最大限度符合环保要求的同时，也能够保证澎湃的动力。照明系统采用新型 LED 发光技术，具有能耗低、亮度高、寿命长的特点。概念车放弃了传统的后视镜设计，通过电子设备的支持来实现对车后方的观察。

　　乘坐空间的受力结构与外形配合得恰到好处，同时加强了安全性。

　　如图 6-50 和图 6-51 所示为概念车设计最终三维效果图。

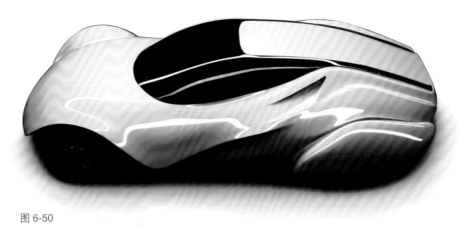

图 6-50

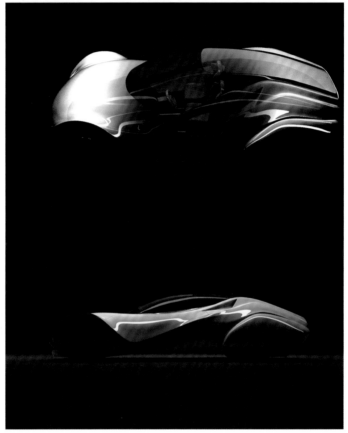

图 6-51

6.10 笔记本电脑包设计

　　如图 6-52 所示，在创意环节的初期，针对电脑包的功能特点同时借鉴其他种类的箱包设计的成熟造型进行头脑风暴，这是发散思维阶段，对具体结构不做要求。

　　经过不断的尝试和改变，抓住每一个小小的闪光点，再把它放大，直到他人能够明白其创意内涵。设计草图是表达创意思维最直接、最快的方式。

图 6-52

然后适当加入一些使用情景，体会一下实际使用的感觉，以便把握下一步的设计方向。

如图 6-53 所示为马克笔上色渲染出的基本形体。

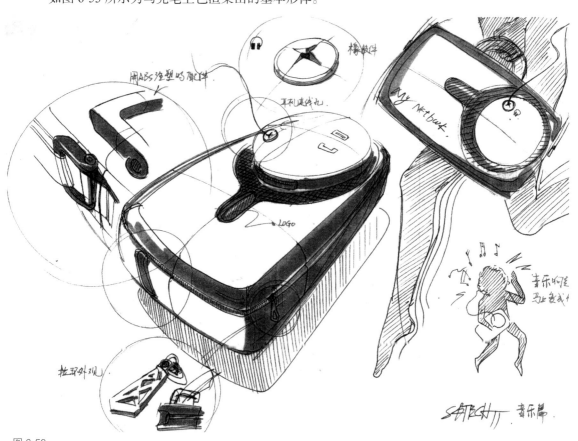

图 6-53

如图 6-54 所示为爆炸图，分析了各部分结构及连接关系，是对草图方案的细化，也可以检验设计的合理性。

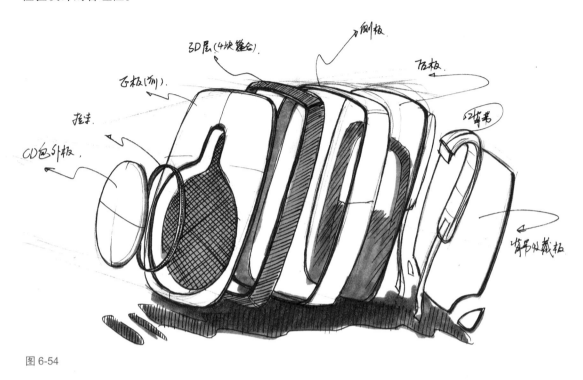

图 6-54

如图 6-55 所示，通过马克笔上色表现出材质的质感。

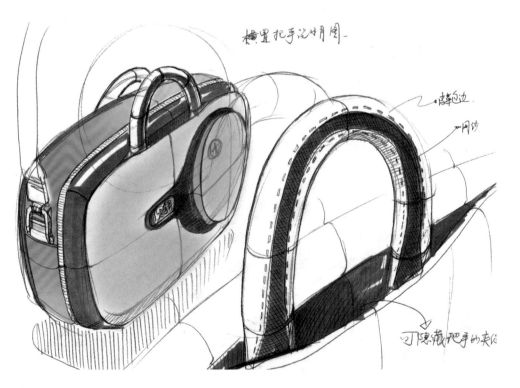

图 6-55

如图 6-56 所示为最终确定的笔记本电脑包设计方案，可以收纳多款常见的数码产品。在这一阶段就要确定下来产品细节结构，并分析制作工艺、使用方式等。

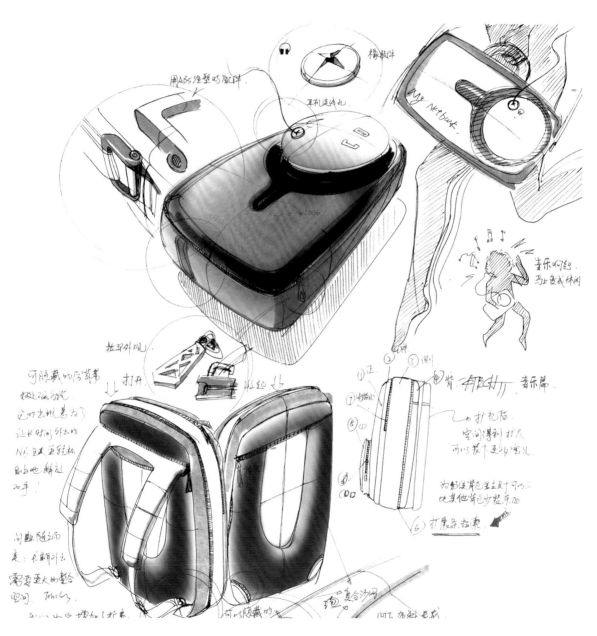

图 6-56

如图 6-57 所示为笔记本电脑包设计的最终效果图。

图 6-57

6.11　儿童学习陪伴型机器人设计

通过案例分析，明确设计方向，即要求设计一款适合 3 ～ 6 岁儿童使用的学习陪伴型机器人。接下来将情感化设计的 3 个层次理论融入设计的各个环节中，探讨其在儿童学习陪伴型机器人产品设计中的应用方法。

感官分为视觉、听觉、嗅觉及触觉等，反映到产品设计上则包含造型、材质及色彩等要素，这些要素是儿童获取信息的重要途径。儿童学习陪伴型机器人的造型属于情感化设计的本能层面，针对该层面的机器人造型要符合儿童的感官需求及认知心理。根据儿童对造型的感官需求，进行草图方案设计，给出 A、B、C 三种方案。3 款机器人均采用面部温和、四肢有力且脚部夸大的造型特征，配色以白色为主，搭配一定的点缀色，以适合 3 ～ 6 岁的儿童使用，如图 6-58 所示。

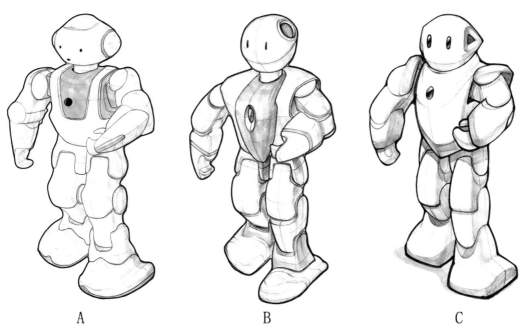

A　　　　　　　　B　　　　　　　　C

图 6-58

儿童学习陪伴型机器人的头部及其表情是设计中的重点部分，头部和面部造型设计决定了机器人是否能和儿童进行有效的情感沟通和信息交流。 通过大量草图绘制和模拟测试，以儿童的视角设计了头部交流界面的造型元素，并不断提炼和优化。经随机儿童感官体验测试，逐步确定了具有亲和力和吸引力的造型搭配，如图 6-59 所示。

儿童学习陪伴型机器人设计草图和最终效果图如图 6-60 ～图 6-62 所示。

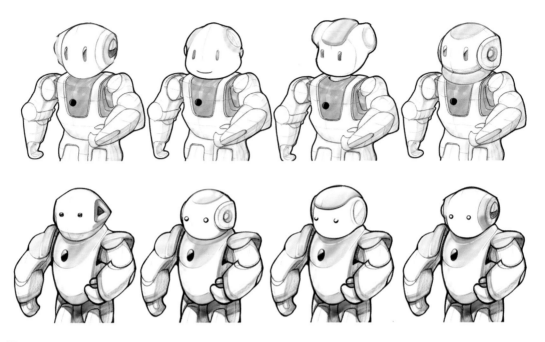

图 6-59

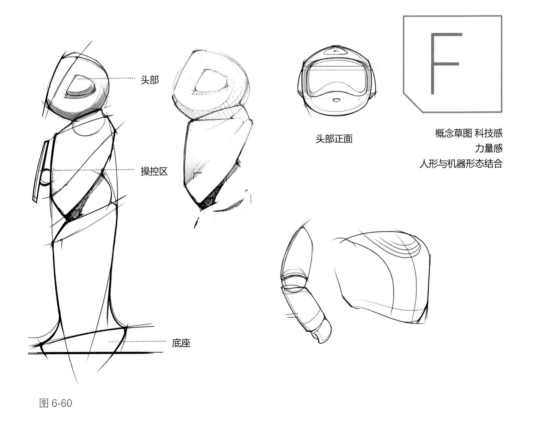

头部

操控区

头部正面

概念草图 科技感
力量感
人形与机器形态结合

底座

图 6-60

图 6-61

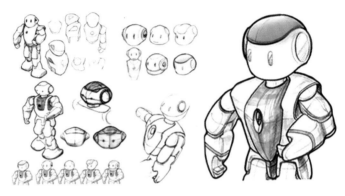

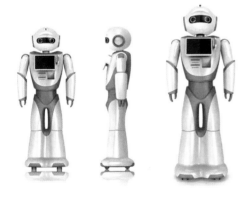

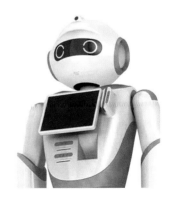

图 6-62

6.12 产品形态创意范例

如图 6-63 ～图 6-67 所示为产品形态创意构思草图。

图 6-63

图 6-64

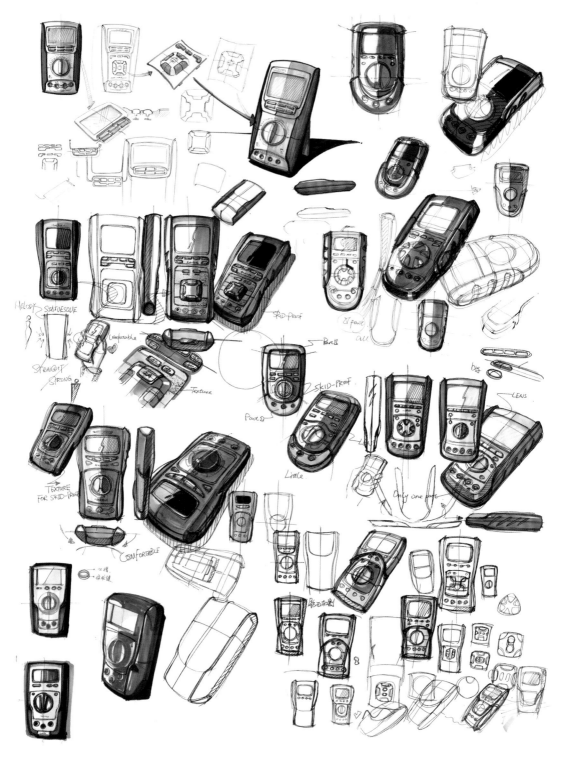

图 6-65

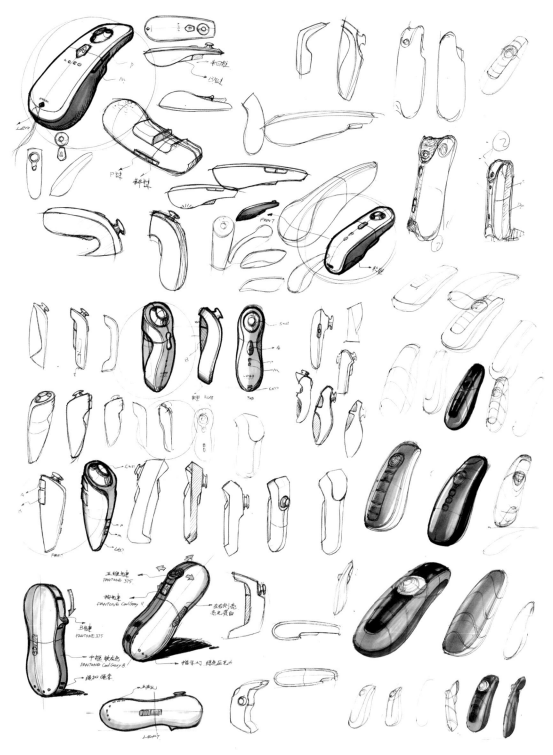

图 6-66

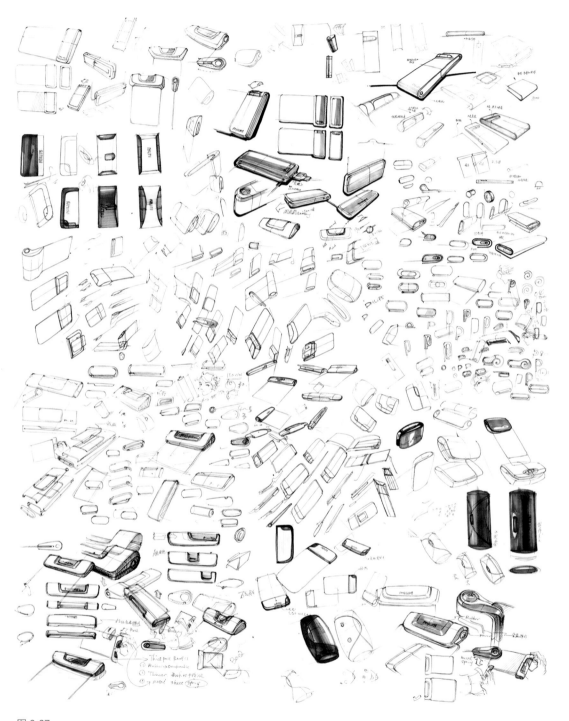

图 6-67

如图 6-68 所示为产品效果图。

图 6-68

训练指导

（1）临摹对象最好选择相对复杂的产品形态，适当增加一些绘制难度。

（2）画面构图要分清主次关系，构图美也是体现设计师设计水平的一个标志。

（3）临摹训练一方面是为了熟悉手绘技法，另一方面通过分析可提炼一些有用的手绘技法，不可盲目学习某种风格，手绘表现的目的是能完整、清晰地表达设计创意。

本章小结

本章通过大量的实际设计案例，分析了最终实现产品的构思过程，以及在这个过程中手绘表现的应用特点和重要作用。本章选用的案例大都来自优秀的毕业设计作品和优秀设计师的成功设计案例，在绘制风格上也各有特点，通过分析可以丰富大家手绘表现的方法。

参 考 文 献

[1] 曹学会，袁和法，秦吉安 . 产品设计草图与麦克笔技法 [M]. 北京：中国纺织出版社，2007.

[2] 丁伟 . 木马工业设计实践 [M]. 北京：北京理工大学出版社，2009.

[3] 刘和山 . 产品设计快速表现 [M]. 北京：国防工业出版社，2005.

[4] 赵建国 . 工科类工业设计手绘效果图教学中的创新、审美能力的培养 . www.idheating.com（智造工厂），2008.

[5] 梁军，罗剑，张帅，等 . 借笔建模：寻找产品设计手绘的截拳道 [M]. 沈阳：辽宁美术出版社，2013.

[6] 艾萍，谢岱华 . 精简建模工业设计实例篇 [M]. 北京：科学技术文献出版社，2014.